国家中等职业教育改革发展示范校建设系列教材

# 水利水电工程项目管理

主　编　康喜梅　徐洲元
副主编　王贵忠　王　贤
参　编　靳巧玲　王锡萍

中国水利水电出版社
www.waterpub.com.cn

## 内 容 提 要

本书是根据“国家中等职业教育改革发展示范学校建设计划”中创新教育内容的要求编写的。

本书编入水利水电工程项目管理所需基本知识，包括施工项目管理概述、水利水电工程招标、施工项目投标、水利水电工程监理概述、合同管理、工程索赔管理六个部分，结合大量案例，能满足中职学校教学中教、学、做一体化的要求。

本书可作为中等职业水利类学校的教学用书，也可作为水利水电工程项目管理人员的参考用书。

图书在版编目（CIP）数据

水利水电工程项目管理 / 康喜梅，徐洲元主编．--北京：中国水利水电出版社，2015.2（2024.2重印）
国家中等职业教育改革发展示范校建设系列教材
ISBN 978-7-5170-2968-7

Ⅰ．①水…　Ⅱ．①康…　②徐…　Ⅲ．①水利水电工程－项目管理－中等专业学校－教材　Ⅳ．①F407.963

中国版本图书馆CIP数据核字(2015)第036675号

| 书　　名 | 国家中等职业教育改革发展示范校建设系列教材<br>**水利水电工程项目管理** |
| --- | --- |
| 作　　者 | 主　编　康喜梅　徐洲元<br>副主编　王贵忠　王　贤<br>参　编　靳巧玲　王锡萍 |
| 出版发行 | 中国水利水电出版社<br>（北京市海淀区玉渊潭南路1号D座　100038）<br>网址：www.waterpub.com.cn<br>E-mail：sales@mwr.gov.cn<br>电话：（010）68545888（营销中心） |
| 经　　售 | 北京科水图书销售有限公司<br>电话：（010）68545874、63202643<br>全国各地新华书店和相关出版物销售网点 |
| 排　　版 | 中国水利水电出版社微机排版中心 |
| 印　　刷 | 北京印匠彩色印刷有限公司 |
| 规　　格 | 184mm×260mm　16开本　11.75印张　278千字 |
| 版　　次 | 2015年2月第1版　2024年2月第2次印刷 |
| 印　　数 | 3001—4500册 |
| 定　　价 | **39.00**元 |

# 前言

教材事关国家和民族的前途命运，教材建设必须坚持正确的政治方向和价值导向。本书坚持党的二十大精神，全面贯彻党的教育方针，落实立德树人根本任务，为党育人，为国育才，弘扬劳动光荣、技能宝贵、创造伟大的时代风尚。

本书是根据“国家中等职业教育改革发展示范学校建设计划”中创新教育内容的要求编写的。

本书在编写过程中注重理论联系实际，突出综合应用能力的培养，采用全新体例编写，内容充实，结构新颖，案例丰富，具有较强的针对性、实用性和可操作性，特别适用于教、学、做一体化的教学。

本教材包括施工项目管理概述、水利水电工程招标、施工项目投标、水利水电工程监理概述、合同管理、工程索赔管理六个部分，每部分都编入大量案例，给读者以很好的示范作用，极具参考价值。

本书根据水利部水总（2002）116号文《水利工程设计概（估）算编制规定》《施工招标文件示范文本》《建设工程施工合同示范文本》《FIDIC土木工程施工合同条件》等要求编写，严格按照《中华人民共和国建筑法》《中华人民共和国招标投标法》具体规定。

本书学习情景1由甘肃省水利水电学校教师徐洲元、中国水利水电第四工程局王贤编写；学习情景2、3、6由甘肃省水利水电学校教师康喜梅、靳巧玲编写；学习情景4、5由甘肃省水利水电学校教师王贵忠、王锡萍编写；全书由康喜梅、徐洲元担任主编，进行统稿。

本书在编写过程中参考和引用了许多专业书籍的论述，除部分已经列出外，其余未能一一注明，特此一并致谢，同时也感谢学校领导的大力支持。

因编者水平有限，加之时间仓促，缺点和错误在所难免，恳请读者批评指正。

编者

# 目　录

# 学习情景1 施工项目管理概述

## 1.1 学 习 目 的

### 1.1.1 知识目标

(1) 了解施工项目的主要工作。

(2) 熟悉项目经理部组建。

(3) 了解项目经理在工程中的职责。

### 1.1.2 技能目标

了解项目管理的主要内容:“三控制、二管理、一协调”;能够组建工程项目经理部;知道项目经理的职责。

施工项目管理是以工程项目为对象、以项目经理负责制为基础、以实现项目目标为目的、以构成工程项目要素的市场为条件,对工程项目施工全过程进行管理和控制的系统管理的方法体系。项目管理的对象是项目,由于项目是一次性的,故项目管理需要用系统工程的概念、理论和方法进行管理,具有全面性、科学性和程序性。项目管理的目标就是项目的目标,项目的目标界定了项目管理的主要内容是“三控制、二管理、一协调”,即进度控制、质量控制、费用控制、合同管理、信息管理和组织协调。

施工项目管理是现代企业制度的重要组成部分,建筑施工企业建立现代企业制度必须进行施工项目管理,只有搞好施工项目管理才能完善现代企业制度,使之管理科学。施工项目管理是市场化的管理,市场是施工项目管理的环境和条件;企业是市场的主体,又是市场的基本经济细胞;施工企业的主体又是由众多的工程项目单元组成的,工程项目是施工企业生产要素的集结地,是企业管理水平的体现和来源,直接维系和制约着企业的发展。施工企业只有把管理的基点放在项目管理上,通过加强项目管理,实现项目管理目标,进行项目成本控制,提高工程投资效益,才能达到最终提高企业综合经济效益的目的,求得全方位的社会信誉,从而获得更为广阔的企业自身生存、发展的空间。

## 1.2 施工项目管理的主要工作

施工项目管理是施工企业对施工项目进行有效地掌握控制,主要特征包括:一是施工项目管理者是建筑施工企业,他们对施工项目全权负责;二是施工项目管理的对象是施工项目,具有时间控制性,也就是施工项目有运作周期(投标—竣工验收);三是施工项目管理的内容是按阶段变化的。根据建设阶段及要求的变化,管理的内容具有很大的差异;四是施工项目管理要求强化组织协调工作,主要是强化项目管理班子,优选项目经理,科学地组织施工并运用现代化的管理方法。

在施工项目管理的全过程中，为了取得各阶段目标和最终目标的实现，在进行各项活动中，必须加强管理工作。

### 1.2.1 建立施工项目管理组织

（1）由企业采用适当的方式选聘称职的施工项目经理。

（2）根据施工项目组织原则，选用适当的组织形式，组建施工项目管理机构，明确责任、权利和义务。

（3）在遵守企业规章制度的前提下，根据施工项目管理的需要，制订施工项目管理制度。

### 1.2.2 编制施工项目管理规划

施工项目管理规划是对施工项目管理目标、组织、内容、方法、步骤、重点进行预测和决策，做出具体安排的纲领性文件。施工项目管理规划的内容主要如下。

（1）进行工程项目分解，形成施工对象分解体系，以便确定阶段控制目标，从局部到整体地进行施工活动和进行施工项目管理。

（2）建立施工项目管理工作体系，绘制施工项目管理工作体系图和施工项目管理工作信息流程图。

（3）编制施工管理规划，确定管理点，形成施工组织设计文件，以利于执行。现阶段这个文件便以施工组织设计代替。

### 1.2.3 进行施工项目的目标控制

施工项目的目标有阶段性目标和最终目标。实现各项目标是施工项目管理的目的所在。因此应当坚持以控制论理论为指导，进行全过程的科学控制。施工项目的控制目标包括进度控制目标、质量控制目标、成本控制目标、安全控制目标和施工现场控制目标。

在施工项目目标控制的过程中，会不断受到各种客观因素的干扰，各种风险因素随时可能发生，故应通过组织协调和风险管理，对施工项目目标进行动态控制。

### 1.2.4 对施工项目的生产要素进行优化配置和动态管理

施工项目的生产要素是施工项目目标得以实现的保证，主要包括劳动力资源、材料、设备、资金和技术（即5M）。生产要素管理的内容如下。

（1）分析各项生产要素的特点。

（2）按照一定的原则、方法对施工项目生产要素进行优化配置，并对配置状况进行评价。

（3）对施工项目各项生产要素进行动态管理。

### 1.2.5 施工项目的合同管理

由于施工项目管理是在市场条件下进行的特殊交易活动的管理，这种交易活动从投标开始，持续于项目实施的全过程，因此必须依法签订合同。合同管理的好坏直接关系到项目管理及工程施工技术经济效果和目标的实现，因此要严格执行合同条款约定，进行履约经营，保证工程项目顺利进行。合同管理势必涉及国内和国际上有关法规和合同文本、合同条件，在合同管理中应予以高度重视。为了取得更多的经济效益，还必须重视索赔，研究索赔方法、策略和技巧。

### 1.2.6 施工项目的信息管理

项目信息管理旨在适应项目管理的需要，为预测未来和正确决策提供依据，提高管理水平。项目经理部应建立项目信息管理系统，优化信息结构，实现项目管理信息化。项目信息包括项目经理部在项目管理过程中形成的各种数据、表格、图纸、文字、音像资料等。项目经理部应负责收集、整理、管理本项目范围内的信息。项目信息收集应随工程的进展进行，保证真实、准确。

施工项目管理是一项复杂的现代化的管理活动，要依靠大量信息及对大量信息进行管理。进行施工项目管理和施工项目目标控制、动态管理，必须依靠计算机项目信息管理系统，获得项目管理所需要的大量信息，并使信息资源共享。另外要注意信息的收集与储存，使本项目的经验和教训得到记录和保留，为以后的项目管理提供必要的资料。

### 1.2.7 组织协调

组织协调是指以一定的组织形式、手段和方法，对项目管理中产生的关系不畅进行疏通，对产生的干扰和障碍进行排出的活动。

（1）协调要依托一定的组织、形式的手段。

（2）协调要有处理突发事件的机制和应变能力。

（3）协调要为控制服务，协调与控制的目的，都是保证目标实现。

## 1.3 项目经理部

随着社会主义市场经济的建立，施工项目管理已在各类工程建设施工中全面推行，而在施工项目管理中，项目经理部是施工项目管理的工作班子，是施工项目管理的组织保证。因此，只有组建一个好的施工项目经理部，才能有效地实现施工项目管理目标，完成施工项目管理任务。

### 1.3.1 建立施工项目经理部的基本原则

（1）根据所设计的项目组织形式设置经理部。不同的组织形式对项目经理部的管理力量和管理职责提出了不同的要求，同时也提供了不同的管理环境。

（2）根据工程项目的规模、复杂程度和专业特点设置项目经理部。规模大小不同，职能部门的设置也不同。

（3）项目经理部是一个具有弹性的、临时性的施工管理组织，可以随工程任务的变化而调整。在工程项目施工前建立，在工程竣工交付使用后，项目管理任务全面完成，项目经理部解体。

### 1.3.2 施工项目经理部的部门设置和人员配置

施工项目经理部的部门和人员设置应满足施工全过程项目管理的需要，既要尽量地减少其规模，又要保证能够高效运转，所确定的各层次的管理跨度要科学合理。

一般情况下，项目经理部下设的部门应包括以下几个。

（1）经营核算部门。主要负责预算、合同、索赔、资金收支、成本核算、劳动配置及劳动分配等工作。

（2）工程技术部门。主要负责生产调度、文明施工、技术管理、施工组织设计、计划统计等工作。

（3）物资设备部门。主要负责材料的询价、采购、计划供应、管理、运输、工具管理、机械设备的租赁配套使用等工作。

（4）监控管理部门。主要负责工程质量、安全管理、消防保卫、环境保护等工作。

（5）测试计量部门。主要负责计量、测量、试验等工作。

施工项目经理部的人员配置可根据具体工程项目情况而定，除设置经理、副经理外，还要设置总工程师、总经济师和总会计师以及按职能部门配置的其他专业人员。技术业务管理人员的数量根据工程项目的规模大小而定，一般情况下不少于现场施工人员数量的5%。

### 1.3.3 施工项目经理部的运作

成立施工项目经理部，建立有效的管理组织是项目经理的首要职责，它是一个持续的过程，需要有较高的领导技巧。项目经理部应该结构健全，包括项目经理的所有工作。在建立各个管理部门时，要选择适当的人员，形成一个能力和专业知识相互配合、相互统一的工作群体。项目经理部要保持最小规模，最大可能地使用现有部门中的职能人员。项目经理的目标是把所有成员的思想和力量集中起来，形成一个统一的整体，使各成员为了一个共同的项目目标而努力。

项目经理要明确经理部中的人员安排，宣布对成员的授权，指出各个成员的职权适用范围和应注意的问题。例如对每个成员的职责及相互间的活动进行明确定义和分工，使大家知道各自的岗位有什么责任？该做什么？如何做？需要什么条件？达到什么效果？项目经理要制定项目管理规范，部门间相互沟通的渠道。

项目目标和各项工作明确后，人员开始执行分配到的任务，逐步推进工作。项目经理要与成员们一起参与解决问题，共同作出决策。要能接受和容忍成员的不满和抱怨，积极解决矛盾，不能通过压制手段使矛盾自行解决。项目经理应创造并保持一种有利的工作环境，激励人们朝预定的目标共同努力，鼓励每个人都把工作做得更出色。

项目经理应当采取参与、指导和顾问式的领导方式，而不能采取等级制的、独断的和指令式的管理方式。项目经理分解工作目标、提出要求和限制、制定规则，由组织成员自己决定怎样完成任务。随着项目工作的深入，各方应相互信任，进行良好的沟通和公开的交流，形成和谐的相互依赖关系。

## 1.4 项 目 经 理

项目经理是施工项目实施过程中所有工作的总负责人，在工程建设过程中起着协调各方面关系、沟通技术、信息等方面的纽带作用，在工程施工的全过程中处于十分重要的地位。

### 1.4.1 项目经理的职责

施工项目经理在承担工程项目施工管理过程中，应履行以下职责。

（1）贯彻执行国家和工程所在地政府有关工程建设和建筑管理的法律、法规和政策，执行企业的各项管理制度，维护企业整体利益和经济效益。

（2）严格财经制度，加强财务管理，积极组织工程款回收，正确处理国家、企业和项目及单位个人的利益关系。

（3）组织制定项目经理部各类管理人员的职责和权限、各项目管理规章制度，并认真贯彻执行。

（4）组织编制施工管理规划及目标实施措施，编制施工组织设计并组织实施。

（5）科学地组织施工和加强各项管理。并做好建设单位、监理和各分包单位之间的协调工作，及时解决施工中出现的问题。

（6）执行经济责任书中有项目经理负责履行的各项条款。

（7）对工程项目施工进行有效控制，执行有关技术规范和标准，积极推广应用新技术、新工艺、新材料和项目管理软件集成系统，确保工程质量和工期，实现安全、文明生产，努力提高经济效益。

### 1.4.2 现代工程项目对项目经理的要求

项目经理部是项目组织的核心，而项目经理领导着项目经理部工作，所以项目经理居于工程项目的核心地位，他对整个项目经理部以及整个项目起着举足轻重的作用。现代工程项目对项目经理的要求越来越高，人们对项目经理的知识结构、工作能力和个人素质也提出了更高的要求。

（1）项目经理的素质要求。对于专职的项目经理，他不仅应具备一般领导者的素质条件，还应当符合项目经理的特殊要求。

1）项目经理必须具有良好的职业道德。他要有相当的敬业精神，对工作积极、热情，勇于挑战，勇于承担责任，努力完成自己的职责。不能因为管理的效果无法评价而怠于自己的工作职责。

2）项目经理应具有创新精神和不断开拓发展的进取精神。由于每个工程项目都是一次性的，都有自己的特点，管理工作也不是一成不变的，这就要求项目经理不能墨守成规，要不断开拓创新，勇于承担责任和对风险作出决策，并努力追求更高目标，确保工作的完美。

3）项目经理要讲究信用，为人诚实可靠。他要有敢于承担错误的勇气，为人正直，办事公平、公正，实事求是。他不能因为受到业主的误解或批评而放弃自己的职责，项目经理应以项目的总目标和整体利益为出发点开展工作。

4）项目经理要忠于职守，任劳任怨。在实际工作中，项目管理工作很少能够各方面都满意，甚至可能都不满意，都不能理解，有时还会吃力不讨好，所以项目经理不仅要化解矛盾，而且要使大家理解自己，同时还要经得住批评指责，有一定的胸怀和容忍度。

5）项目经理要具有很高的社会责任感和道德观念，具有高瞻远瞩、全局性的观念。

（2）项目经理的能力要求。

1）具有长期的工程管理工作经历和丰富的工程管理经验，特别是同类项目成功的经历。项目经理要有很强的专业技术技能，但又不能是纯技术专家。他应当具有较强的综合能力，能够对项目管理过程和工程技术系统有较成熟的理解，对整个工程项目作出全面细致的观察，能预见到可能出现的各种问题并制定可行的防范措施。

2）具有处理人事关系的能力。项目经理对下属的领导应当主要依靠自身的影响力和说服力，而不是依靠职位权力和上级命令。项目经理要充分利用合同和项目管理规范赋予的权利进行工程管理和组织运作；采取有效的措施激励项目组成员，调动大家的积极性，提高工作效率。项目经理在项目中要充当教练、活跃气氛者、激励管理者和矛盾调解员等多种角色，因此要有较强的人际关系能力。

3）具有较强的组织管理能力。项目经理作为领导者，要能胜任项目领导工作，积极研究领导的艺术，知人善用，敢于授权；要协调好项目管理中各个方面的关系，善于人际交往，能够与外界积极交往，与上层积极沟通与交流。项目经理在工作中要善于处理矛盾与冲突，具有追寻目标和跟踪目标的能力。

4）具有较强的谈判能力。项目经理要有较强的语言表达和逻辑思维能力，讲究谈判技巧，具有较强的说服能力和个人魅力。

5）项目经理的个人领导风格和管理方式应具有可变性和灵活性，能够适应不同的项目和不同的组织。具备领导才能是称为一个好的施工项目经理的重要条件，团结友爱、知人善任、用其所长、避其所短，善于抓住最佳时机，并能当机立断，坚决果断地处理潜在的或已发生的问题，避免矛盾或更大矛盾的产生。具有了这些能力就能更好的领导项目经理部的全体员工，唤起大家的积极性和创造性，齐心协力完成施工项目的建设。

（3）项目经理的知识要求。项目经理必须具有专业知识，一般是工程方面的主要专业，否则很难在项目中被人们接受和真正介入项目。项目经理不仅要有专业知识，还要接受过项目管理的专门培训或再教育，具有广博的知识，能够对所从事的项目迅速设计解决问题的方法、程序，进行有效的管理。

掌握熟练的专业技术知识是成为优秀项目经理的必要条件。如果没有扎实的专业知识做后盾，在项目的实施过程中遇到难题或模棱两可的问题就无从下手、手忙脚乱最终导致人力物力上的浪费，甚至造成更大的错误。作为一个好的项目经理的同时更要精通本专业各方面的技术知识。在精于本专业各项技术的同时应该有更广泛的知识面，要了解多学科、多个专业的知识，也就是说什么都知道、什么都懂，形成T形的知识结构。这样就可以在施工中轻松自如的领导各方面的工作，化解来自各方面的矛盾，顺利完成项目施工任务。

项目经理具有良好的素质和熟练的项目施工管理、经营技巧，可以为企业创造丰厚的利润。我国是发展中国家，相对于发达国家还有一定的差距，基础设施建设还有很长的路要走，所以项目经理要积极努力学习，在实践中锻炼自己，成长为一名优秀的项目经理，更多地为国家和社会做出自己的贡献，实现自身的人生价值和社会价值。

## 1.5 施工项目管理组织机构实例

一座以发电为主，兼有航运、灌溉和养殖等综合利用效益的大型水利枢纽，由中国水利水电工程局建设。根据项目法施工管理要求，结合以往管理经验，该局拟组建“工程项目部”，负责本合同工程的承建及施工现场管理工作。

1. 管理组织机构主要职责分配表

现场管理组织机构主要职责分配及相应的人员组成见表1.1和表1.2。

**表1.1　　管理组织机构主要职责分配表**

| 名　称 | 主要职责分配 |
|---|---|
| 局本部领导小组 | 1. 协调与业主、监理、设计等方面关系；<br>2. 统筹安排调配主要施工机械、设备及主要人员；<br>3. 统筹安排其他资源的配置；<br>4. 建立项目管理的质量、安全、进度、成本、环保、文明施工等宏观指标，并定期进行考核；<br>5. 统筹安排工程竣工移交、保修 |
| 现场组织机构决策层 | 1. 健全各级管理组织机构，并赋予其充分权限，协调各组织接口关系；<br>2. 建立健全各种管理制度、细则，并建立考核奖罚制度；<br>3. 现场实施项目管理，并保证项目安全、质量、进度、成本、环保、文明施工等指标的完成；<br>4. 现场建立与业主、监理、设计等方面的联系，保持管理信息畅通 |
| 生产部 | 生产计划安排、实施；现场施工资源调配、指挥、协调 |
| 技术部 | 施工网络进度计划安排；施工方案及措施编制；与设计单位沟通；小型项目的设计或改造 |
| 质量控制部 | 质量验收办法及标准的编制；工程质量控制，与监理沟通进行工程的质量控制及验收 |
| 安全部 | 安全工作的管理、检查；试验及测量工作的管理；安全、环保、文明施工管理措施编制、实施、检查；竣工资料的收集、整理 |
| 合同部 | 项目成本管理；工程结算；分析成本；外用工管理 |
| 机电物资办 | 物资及设备的采购、检验、管理；设备技术管理；物资、设备协调；设备技术改造 |
| 综合部 | 人事、财务、党政工团、后勤服务、与局本部行政联络 |
| 开挖大队 | 本工程土石方明挖、洞挖、喷锚支护、土石方填筑、安全支护；小型土石方设备的管理；临时施工道路的施工 |
| 浇筑一队 | 负责本标工程范围内所有混凝土及钢筋制安工程的施工 |
| 浇筑二队 | 负责本标工程范围内所有混凝土及钢筋制安工程的施工 |
| 机械大队 | 负责本标土石方、混凝土、材料及结构件的运输；重型挖装机械设备安装、运行及修理维护 |

续表

| 名　称 | 主要职责分配 |
|---|---|
| 基础大队 | 负责本标工程范围内洞室及所有基础处理工程的施工任务 |
| 机电大队 | 负责本标工程所需机电设备的安装、运行、维护；工程风、水、电的供应及施工通信管理和维护 |
| 综合加工厂 | 负责本标三材加工；模板及小型机具的制作；混凝土预制件的生产 |

**表 1.2　　项目部人员组成表**

| 任命职务 | 姓名 | 年龄 | 资历 | 以往经验 | 现任职务 |
|---|---|---|---|---|---|
| 一、局总部 | | | | | |
| 法人代表 | 张×× | 52 | 教授级高工 | / | 局长 |
| 项目主管 | 王×× | 42 | 高级经济师 | / | 副局长 |
| 局总工程师 | 李×× | 41 | 教授级高工 | / | 局总工程师 |
| 二、项目部 | | | | | |
| 工程项目部项目经理 | 赵×× | 39 | 高级工程师 | 见履历表 | 第二施工局局长 |
| 常务副经理 | 张×× | 46 | 高级工程师 | 见履历表 | 第二施工局副局长 |
| 项目副经理 | 王×× | 41 | 高级工程师 | 见履历表 | 项目副经理 |
| 项目副经理兼总工程师 | 周　× | 40 | 高级工程师 | 见履历表 | 项目经理 |
| 总质检师 | 高×× | 39 | 高级工程师 | 见履历表 | 项目总质检师 |
| 总经济师 | 苏×× | 43 | 高级经济师 | 见履历表 | 项目总经济师 |
| 生产部主任 | 解×× | 41 | 高级工程师 | 见履历表 | 主任 |
| 技术部主任 | 吕×× | 32 | 工程师 | 见履历表 | 主任 |
| 质量控制部主任 | 全×× | 31 | 工程师 | 见履历表 | 主任 |
| 安全部主任 | 赵×× | 41 | 高级工程师 | 见履历表 | 主任 |
| 合同部主任 | 郑×× | 35 | 经济师 | 见履历表 | 主任 |
| 机电物资部主任 | 焦×× | 43 | 工程师 | 见履历表 | 主任 |
| 综合部主任 | 何×× | 41 | 政工师 | 见履历表 | 主任 |
| 测量队队长 | 李×× | 38 | 工程师 | 见履历表 | 队长 |
| 试验室主任 | 李×× | 37 | 工程师 | 见履历表 | 主任 |

2. 工程施工组织机构框图

现场施工组织机构框图如图 1.1 所示。

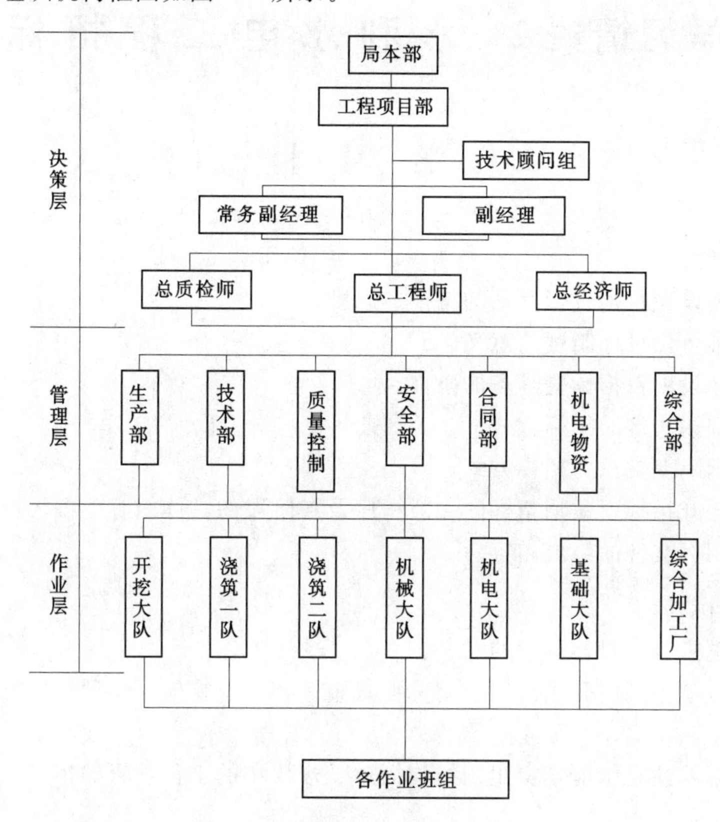


图 1.1　现场施工组织机构框图

# 学习情景2　水利水电工程招标

## 2.1　学　习　目　的

### 2.1.1　知识目标

（1）了解建设项目招投标活动的特征、原则。

（2）了解推行招投标制度的意义。

（3）掌握建设项目招标应具备的条件。

（4）掌握我国法定的招标方式。

（5）理解国际上常见的招标方式。

（6）掌握公开招标、邀请招标的一般程序及各阶段的具体内容。

（7）了解招标文件的组成内容。

### 2.1.2　技能目标

（1）能理解推行招投标制度的意义。

（2）使学生学会利用我国法定的招标方式组织招标，能根据各种招标方式的具体做法开展工作。

（3）通过学习使学生能学会组织结构简单、规模小的工程项目的招标，落实招标的每一个程序。

（4）能进行招标文件的委托编制。

### 2.1.3　情感目标

（1）学会查阅各种相关资料。

（2）培养组织能力、语言表达能力。

（3）使学生具有现场组织能力，养成细致认真、敬业守职的良好习惯。

（4）具有合理分析、妥善处理具体问题的能力。

## 2.2　学　习　任　务

根据相关规定，大型基础设施项目、全部或部分由国家投资（或融资）的项目、使用外资的项目等，无论设计、施工、监理还是重要设备、材料的采购都必须进行招标。所以，掌握招标基本知识，对招标人、投标人都非常关键。具体执行过程中，必须根据项目性质、要求确定招标方式，并严格按规定程序组织招标。

## 2.3 任 务 分 析

招标投标是商品经济发展到一定阶段的产物，是一种具有竞争性的采购方式。招标投标是100多年来在国际上采用的、具有完善机制的、科学合理的、比较完善的工程承发包方式。随着市场经济体系的完善，市场机制的健全，投资体制改革的变化，相关政策法规正逐步完善以及行政管理、执法队伍行为的不断规范，我国逐步推行招标投标制度。我国实行招标投标的工程比例逐步上升，全国各地已建立了专门的招标投标管理机构，制定了招标投标管理办法，招标投标已逐步成为建设市场的主要交易方式。

## 2.4 任 务 实 施

### 2.4.1 建设项目招标概述

#### 2.4.1.1 招标的概念、特征及原则

1. 招标的概念

招标是指招标人事先公布工程、货物或服务等发包业务的相关条件和要求，通过发布广告或发出邀请书等形式，召集自愿参加竞争者投标，并根据事前规定的评选办法选定承包商的市场交易活动。在建筑工程施工过程中，招标人要根据投标人的投标报价、施工方案、技术措施、人员素质、工程经验、财务状况及企业信誉等方面进行综合评价，择优选择承包商，并与之签订合同，从而实现发包。

招标投标是商品经济发展到一定阶段的产物，是一种具有竞争性的采购方式。

2. 招标投标交易活动的特征

招标投标这种交易活动具有以下特征。

（1）平等性。招标投标是独立法人之间的经济交易活动，它必须按照平等、自愿、互利的原则和规范的程序进行。招标人和投标人均享有规定的权利和义务，受法律的保护和约束。同时，招标人提出的条件和要求对所有潜在的投标人都是同等的。因此，投标人之间的竞争也是平等的。

（2）竞争性。招标投标交易方式的核心就是竞争。投标人为了中标，相互在价格、品质进度和服务等方面进行竞争，优胜劣汰。根据市场情况，为了生存，企业间的竞争往往达到非常激烈的程度。

（3）开放性。为了保证招标投标的竞争性，招标要求打破地方保护、行业垄断的局面，彻底开放市场。因此，公开招标要求在全国，甚至在国际性的传播媒体上发布招标公告，从而保证最大限度的竞争。

3. 招标投标活动的原则

建设工程招标投标活动的基本原则，就是建设工程招标投标活动应遵循的普遍的指导思想或准则。根据《中华人民共和国招标投标法》（以下简称《招标投标法》）规定，这些原则包括：公开、公平、公正和诚实信用。

（1）公开原则。公开原则就是要求招标投标活动高度透明。招标信息、招标程序必须

公开，即必须做到招标通告公开发布，开标程序公开进行，中标结果公开通知，使每一个投标人获得同等的信息，在信息量相等的条件下进行公开的竞争。

（2）公平原则。公平原则就是要给予所有投标人完全平等的机会，使每一个投标人享有同等的权利并承担同等的义务。招标文件和招标程序不得含有任何对某一方歧视的要求或规定。

（3）公正原则。公正原则就是要求在选定中标人的过程中，评标机构的组成必须避免任何倾向性，评标标准必须完全一致。

（4）诚实信用原则。诚实信用要求招标投标当事人应以诚实、守信的态度行使权利，履行义务，以维护双方的利益平衡，维护自身利益和社会利益的平衡。《招标投标法》规定应该实行招标的项目不得规避招标，招标人和投标人不得有串通投标、泄漏标底、骗取中标、非法转包等行为。

4. 推行招标投标制度的意义

（1）推行招标投标制度有利于规范建筑市场主体的行为，促进合格主体的形成；

（2）推行招标投标制度有利于价格真实反映市场供求状况，真正显示企业的实际消耗和工作效率，使实力强、素质高、经营好的承包商的产品更具竞争力，从而实现资源的优化配置。

（3）推行招标投标制度有利于促使承包商不断提高企业的管理水平。

（4）推行招标投标制度有利于促进市场经济体制的进一步完善。

（5）推行招标投标制度有利于促进我国建筑业与国际市场接轨。

### 2.4.1.2 招标的基本法律规定

1. 招标范围

（1）法律和行政法规规定必须招标的范围。

1）根据工程的性质分：①大型基础设施、关系公共利益、公众安全的公用事业项目；②全部或部分使用国有资金或国家融资的项目；③使用国际组织或者外国政府贷款、援助资金的项目。

2）根据工作内容分：①勘察、设计项目；②施工项目；③监理项目；④重要设备、材料的采购项目。

（2）可不进行招标的建设项目范围。

我国《招标投标法》第六十六条规定：涉及国家安全、国家秘密、抢险救灾或者属于利用扶贫资金实行以工代赈、需要使用农民工等特殊情况，不适宜进行招标的项目，按照国家有关规定可以不进行招标。具体包括以下几种情况。

1）涉及国家安全、国家秘密或者抢险救灾而不适宜招标的。

2）利用扶贫资金实行以工代赈，需要使用农民工的。

3）勘察、设计采用特定专利或者专有技术或者其建筑艺术造型有特殊要求的。

4）停建或者缓建后恢复建设的单位工程，且承包人未发生变更的。

5）施工企业自建自用的工程，且该施工企业资质等级符合工程要求的。

6）在建工程追加的附属小型工程或者主体加层工程，且承包人未发生变更的。

7）法律、法规、规章规定的其他情形。

2. 招标的条件

（1）建设单位实施招标应该具备的条件。

1）是法人或依法成立的其他组织。

2）具有审查投标人资质的能力。

3）有与招标项目相适应的技术、经济、管理人员。

4）有组织编制（或委托编制）相关文件的能力。

5）有开标、评标、定标的能力。

否则，应委托招标。

（2）建设项目招标的条件。

1）建设项目施工招标应具备的条件：①相关审批手续已经完成；②概算已经完成并审批；③依法获得项目建设用地的使用权；④项目已列入国家、地方、部门的年度固定资产投资计划；⑤项目所需资金、主要材料的来源已落实；⑥已获得项目所需图纸和设计资料；⑦项目施工准备工作已完成或一并列入招标范围。

2）建设项目勘察、设计招标的条件：①设计任务书或可行性研究报告已获批准；②具有设计所必需的可靠基础资料。

3）建设监理招标的条件：①初步设计和概算已获批准；②工程建设的主要技术工艺要求已确定；③项目已纳入国家计划或已向有关部门备案。

4）建设工程材料、设备供应招标的条件：①建设资金（含自有资金）已按规定落实；②具有批准的初步设计或施工图设计所附的设备清单，专用、非标准设备应有的设计图纸、技术资料等。

### 2.4.2 招标方式

#### 2.4.2.1 招标的分类

（1）按建设阶段分类：建设项目可行性研究招标、工程勘察设计招标、施工招标、材料设备采购招标。

（2）按专业分类：勘察设计招标、设备安装招标、土建施工招标、建筑装饰招标、货物采购招标、工程咨询和建设监理招标。

（3）按承包范围分类：项目总承包招标、施工总承包管理招标、专项工程承包招标。

（4）按是否涉外分类：国内招标、国际招标、涉外招标。

#### 2.4.2.2 招标方式

1. 我国法定的招标方式

我国法定的招标方式有公开招标（无限竞争性招标）和邀请招标（有限竞争性招标）。

（1）公开招标。

公开招标又称为无限竞争性招标，是由招标人以招标公告的方式邀请不特定的法人或其他组织投标，并通过国家指定的报刊、广播、电视及信息网络等媒介发布招标公告，有意的投标者接受资格审查，通过者参加投标的方式。

（2）邀请招标。

邀请招标又称有限竞争性招标，是指招标人以投标邀请书的方式邀请特定的法人或其他组织投标。这种招标方式不发布公告，招标人根据自己的经验和所掌握的各种信息资料，向具备承担该项工程施工能力且资信良好的三个以上的承包商发出邀请书，收到邀请书的单位参加投标。

（3）议标。

议标又称非竞争性招标或指定性招标。这种招标方式是建设单位邀请不少于两家（含两家）的承包商，通过直接协商谈判选择承包商的招标方式。此方式在《招标投标法》中已被取消。

2. 国际上常见的招标方式

国际上常见的招标方式有国际竞争性招标、国际有限招标、两阶段招标和议标。

（1）国际竞争性招标。具体做法同我国“公开招标”。

（2）国际有限招标。具体做法同我国“邀请招标”。

（3）两阶段招标。在招标中，常采用两阶段招标方式。所谓两阶段招标，是指在工程招标投标时将技术标和商务标分阶段评选。先评技术标，技术标通过者再被邀请投商务标，最后综合技术标、商务标的评标结果，决定中标人。

（4）议标。

3. 四种（综合）招标方式的优缺点

（1）公开招标。

1）优点。投标者多，范围广，竞争激烈，建设单位有较大的选择余地。有利于降低工程造价，提高工程质量、缩短工期。

公开招标是最具竞争性的招标方式，其参与竞争的投标者数量最多。只要符合相应的资质条件，投标者愿意便可参加投标，不受限制。因而竞争程度最为激烈。它可以为招标人选择报价合理、施工工期短、信誉度高的承包商创造机会，为招标人提供最大限度的选择范围。

公开招标程序最严密、最规范，有利于招标人防范风险，保证招标的效果；有利于防范招标投标活动操作人员和监督人员的舞弊现象。

公开招标是适用范围最为广泛、最有发展前景的招标方式。在国际上，招标通常都是指公开招标。在某种程度上，公开招标已成为招标的代名词。在我国《招标投标法》中规定，凡法律法规要求招标的建设项目必须采用公开招标的方式，若因某些原因需要采用邀请招标，必须经招标投标管理机构批准。

2）缺点。由于投标者多，招标工作量大，组织工作复杂，需投入较多的人力、物力，招标过程所需时间较长。

（2）邀请招标。

1）优点。目标集中，招标的组织工作较容易，评标工作量较小，时间也大大缩短。

2）缺点。由于参加的投标者较少，竞争性较差，使招标人对投标人的选择范围小。如果招标人在选择邀请单位前所掌握的信息量不足，则会失去发现最适合承担该项目的承包商的机会。

《招标投标法》规定，国务院发展计划部门确定的国家重点建设项目和各省、自治区、直辖市人民政府确定的地方重点建设项目，应当公开招标，有下列情形之一的，经批准可以进行邀请招标：①项目技术复杂或有特殊要求，只有少量几家潜在投标人可供选择的；

②受自然地域环境限制的；③涉及国家安全、国家秘密或者抢险救灾，适宜招标但不适宜公开招标的；④拟公开招标的费用与项目的价值相比，不值得的；⑤法律、法规规定不宜公开招标的。

（3）两阶段招标。

1）优点。招标程序严密、规范、风险小；特别适应于技术难度大、要求高的项目。招标信息可通过广告（或邀请书）发布，保证招标的效果，提高透明度，避免暗箱操作。

2）缺点。招标工作量大，所需招标时间长；还需投入大量地人力、物力，在我国应用不多。

（4）议标。

1）优点：可以节省时间，容易达成协议，迅速开展工作，保密性好，特别适用于工期紧张、保密要求高的工程。

2）缺点。竞争力差，无法获得有竞争性的报价。

议标必须通过相关部门的严格审批才能使用。

议标是一种特殊的招标方式，是公开招标、邀请招标的例外情况。一个规范、完整的议标概念，在其适用范围和条件上，应当同时具备以下四个基本要点：

a. 议标方式适用面较窄。议标只适用于有保密性要求或者专业性、技术性较高等特殊工程。没有保密性或者专业性、技术性不高，不存在什么特殊情况的项目，不能进行议标。对什么是具有保密性、什么是专业性、技术性较高等特殊情况，应该做严格意义上的理解，不能由业主或者承包商来自行解释，而必须由政府或政府主管部门来解释。这里所谓“不适宜”，一是指客观条件不具备，如同类有资格的投标人太少，无法形成竞争态势等；二是指有保密性要求，不能在众多有资格的投标人中间扩散。如果适宜采用公开招标和邀请招标的，就不能采用议标方式。

b. 议标必须经招标投标管理机构审查同意。未经招标投标管理机构审查同意的，不能进行议标。已经进行议标的，建设行政主管部门或者招标投标管理机构应当按规定，作为非法交易进行严肃查处。招标投标管理机构审查的权限范围，就是省、市、县（市）招标投标管理机构的分级管理权限范围。

c. 直接进入谈判并通过谈判确定中标人。参加投标者为两家以上，一家不中标再寻找下一家，直到达成协议为止。一对一地谈判，是议标的最大特点。在实际生活中，即使可能有两家或两家以上的议标参加人，实质上也是一对一地分别谈判，一家谈不成，再与另一家谈，直到谈成为止。如果不是一对一地谈，不宜称之为议标。

d. 程序的随意性太大且缺乏透明度。议标程序的随意性太大，竞争性相对更弱。议标缺乏透明度，极易形成暗箱操作，私下交易。从总体上来看，议标的存在是弊大于利。

自 2000 年 1 月 1 日起施行的《中华人民共和国招标投标法》就只规定招标分为公开招标和邀请招标，而对议标未明确提及。但在我国建设工程招标投标的进程中，议标作为一种招标方式已约定俗成，且在国际上也普遍采用。从我国建筑市场整体发育状况来考察，在当前和今后一定时间内议标仍可作为一种工程交易方式依然存在着。

议标不同于直接发包。从形式上看，直接发包没有“标”，而议标则有“标”。议标招标人须事先编制议标招标文件或拟议合同草案，议标投标人也须有议标投标文件，议标也必须经过一定的程序。

### 2.4.3 招标程序

招标的程序可划分为六大基本环节，即建设项目报建，编制相关文件，投标人的资格预审，发售招标文件，开标、评标与定（决）标，签订合同。

（1）公开招标的一般程序。公开招标每个基本环节里又包含了几个具体的工作，具体如图 2.1 所示。

（2）邀请招标的程序，如图 2.2 所示。

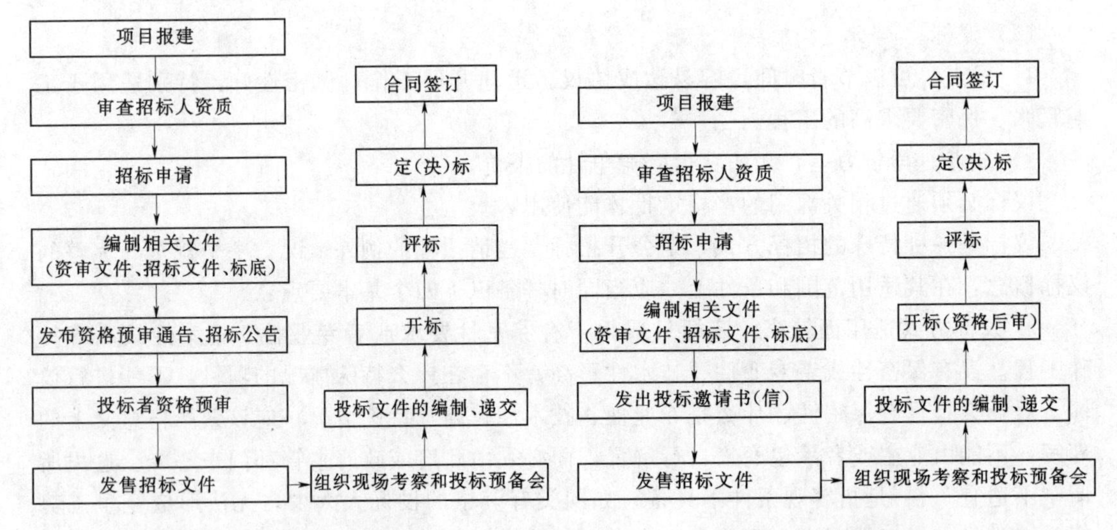


图 2.1 公开招标一般程序　　图 2.2 邀请招标程序

（3）两阶段招标程序。

（4）议标程序。

### 2.4.4 招标实务

#### 2.4.4.1 建设项目报建

建设项目报建，是建设工程招标投标的重要条件之一。它是指工程项目建设单位向建设行政管理部门（或招标投标管理机构）申报工程项目，办理项目登记手续。凡未报建的工程建设项目，不得办理招标投标手续和发放施工许可证。建设工程项目报建的内容，主要包括：

（1）工程名称。

（2）建设地点。

（3）建设内容。

（4）投资规模。

（5）资金来源。

（6）每年计划投资额。

（7）工程规模。

（8）计划开工、竣工日期。

（9）发包方式。

（10）建设机构和工程筹建情况。

（11）项目建议书或可行性研究报告批准书。

建设项目立项文件被批准或报送备案后，建设单位应当在30日内在报建部门领取建设工程项目报建登记表，按报建登记表的内容及要求如实填写。在向主管部门报送建设工程项目报建登记表时，应同时交验项目立项的批准或备案文件、银行资信证明和有关部门的批准文件等佐证资料。

**2.4.4.2** 审查招标单位资质

即审查建设单位是否具备招标条件，不具备有关条件的建设单位，须委托具有相应资质的中介机构代理招标，建设单位与中介机构签订委托代理招标协议，并报招标管理机构备案。

**2.4.4.3** 招标申请

招标单位填写“建设工程招标申请表”，并经上级主管部门批准后，连同“工程建设项目报建审查登记表”报招标管理机构审批。

申请表的主要内容包括：工程名称、建设地点、招标建设规模、结构类型、招标范围、招标方式、要求施工企业等级、施工前期准备情况（土地征用、拆迁情况、勘察设计情况、施工现场条件等）、招标机构组织情况等。

**2.4.4.4** 编制相关文件

编制的文件包括：资格预审文件、招标文件、标底（若有）。

公开招标时需要进行资格预审，只有通过资格预审的单位才有资格参加投标。资格预审文件具体说明资格审查的要求，需要提交的资料内容、格式，供参加资格审查的单位参考使用。

招标文件是招标投标的纲领性文件。它反映招标项目的具体内容和技术要求。详细内容见2.4.5。

有的招标项目，在招标前需编制标底，以作为评标的尺度，得到评标基准价格，以做到心中有数。但并非所有的项目均需要编制标底，可由项目单位自行决定。

**2.4.4.5** 发布招标信息、组织资格预审

通过资格预审通告、招标公告、投标邀请书的形式发布招标信息。

招标人要在报刊、杂志、广播、电视等大众传媒或建设工程交易中心公告栏上发布招标公告，招引一切愿意参加工程投标的不特定的潜在投标者前来参加投标。或针对事先选定的特定的投标人发出投标邀请书。

在国际上，对公开招标发布招标公告有两种做法。

（1）用资格预审通告代替招标公告，即只发布资格预审通告即可。通过发布资格预审通告，招引一切愿意参加工程投标的投标者申请投标资格审查。

（2）不发资格审查通告，而只发布招标公告。通过发布招标公告，招请一切愿意参加工程投标的投标者申请投标。

我国各地的做法，习惯上都是在投标前对投标人进行资格审查。这应属于资格预审，但常常不一定按国际上的通用做法进行，不太注意对资格预审通告和招标公告在使用上的

区分，只要使用其一表达了意思即可。

## 招标公告的一般格式

### 招　标　公　告

1. ________（建设单位名称）的________工程，建设地点在________，建设规模为________。工程报建和招标申请已得到建设行政主管部门的批准，现通过公开招标选定承包单位。

2. 工程质量要求达到国家施工验收规范标准，计划开工日期为：____年____月____日，竣工日期为____年____月____日，工期为____天（日历日）。

3. ________（招标单位名称）作为招标人，现邀请合格的投标人进行密封投标，以得到必要的劳动力、材料、设备和服务来建设和完成工程。

4. 根据工程的规模等级和技术要求，投标人应具有____级以上的施工资质。愿意参加投标的单位，请携带营业执照、施工资质等级证书（对投标人有其他专门要求的应携带相关证明材料）接受招标人的资格审查。审查合格的单位准予获取招标文件。

5. 该工程的发包形式是____，招标的工程范围是____。

6. 招标日程安排：

（1）发售招标文件单位________。

（2）发售招标文件时间____年____月____日起至____年____月____日止，每日上午____，下午____（工作日）。

（3）现场踏勘时间____年____月____日____时。

（4）投标预备会时间____年____月____日____时。

（5）递送投标文件地点________。

（6）投标截止时间____年____月____日____时。

（7）开标地点：________。

（8）开标时间：____年____月____日____时。

招标人或招标代理人（盖章）

法人代表（签字、盖章）

单位地址：

邮政编码：

联系人：

联系电话：

公告日期：____年____月____日

## 资格预审招标公告范本

招标项目编号：

一、招标条件

本招标项目　（项目名称）　已由　（项目审批、核准或备案机关名称）　以　（批文名称及编号）　批准建设，项目业主为____，建设资金来自　（资金来源）　，项目出资比例为____，招标人为____。项目已具备招标条件，现进行公开招标，特邀请有兴趣的潜在投标人（以下简称申请人）提出资格预审申请。

二、项目概况与招标范围

2.1 〈说明本次招标项目的招标内容、规模、结构类型、招标范围、标段划分及资金来源和落实情况等〉；

2.2 工程建设地点为 （工程建设地点） ；

2.3 计划开工日期为 （开工年） 年 （开工月） 月 （开工日） 日，计划竣工日期为 （竣工年） 年 （竣工月） 月 （竣工日） 日，工期 （工期） 日历天；

2.4 工程质量要求符合 （工程质量标准） 标准。

三、申请人资格要求

3.1 投标申请人须是具备建设行政主管部门核发的 （行业类别）（资质类别）（资质等级） 及以上资质，及安全生产许可证（副本）原件及复印件的法人或其他组织，________业绩，并在人员、设备、资金等方面具有相应的施工能力。

3.2 投标单位拟派出的项目经理或注册建造师须是具备建设行政主管部门核发的 （行业类别）（资质类别）（资质等级） 及以上资质。

3.3 拟派出的项目管理人员，应无在建工程，否则按废标处理；投标单位的项目经理或注册建造师中标后需到本项目招投标监督主管部门办理备案手续。

3.4 本次招标 （接受或不接受） 联合体投标。联合体投标的，应满足下列要求：________________。

3.5 各投标人均可就上述标段中的（具体数量） 个标段投标。

3.6 拒绝列入政府不良行为记录期间的企业或个人投标。

四、资格预审方法

本次资格预审采用____________（合格制/限数量制）。

五、资格预审文件的获取

5.1 请申请人于________年____月____日至________年____月____日（法定公休日、法定节假日除外），每日上午________时至________时，下午________时至________时（北京时间，下同），在____________（详细地址）持单位介绍信购买资格预审文件。

5.2 资格预审文件每套售价________元，售后不退。

5.3 邮购资格预审文件的，需另加手续费（含邮费）________元。招标人在收到单位介绍信和邮购款（含手续费）后________日内寄送。

六、资格预审申请文件的递交

6.1 递交资格预审申请文件截止时间（申请截止时间，下同）为________年____月____日____时____分，地点为________________。

6.2 逾期送达或者未送达指定地点的资格预审申请文件，招标人不予受理。

6.3 有效递交资格预审投标人不足五家时，招标人另行组织招标。

七、发布公告的媒介

本次资格预审公告同时在（发布公告的媒介名称） 上发布。

八、联系方式

招标人：＿＿＿＿＿＿＿＿＿＿＿＿＿＿＿＿

地址：＿＿＿＿＿＿＿＿＿＿＿＿＿＿＿＿邮编：＿＿＿＿＿＿＿＿＿＿＿＿＿＿＿＿

联系人：＿＿＿＿＿＿＿＿＿＿＿＿＿＿＿＿

电话：＿＿＿＿＿＿＿＿＿＿＿＿＿＿＿＿传真：＿＿＿＿＿＿＿＿＿＿＿＿＿＿＿＿

招标代理机构：＿＿＿＿＿＿＿＿＿＿＿＿＿＿＿＿

地址：＿＿＿＿＿＿＿＿＿＿＿＿＿＿＿＿邮编：＿＿＿＿＿＿＿＿＿＿＿＿＿＿＿＿

联系人：＿＿＿＿＿＿＿＿＿＿＿＿＿＿＿＿

电话：＿＿＿＿＿＿＿＿＿＿＿＿＿＿＿＿传真：＿＿＿＿＿＿＿＿＿＿＿＿＿＿＿＿

＿＿＿＿年＿＿＿＿月＿＿＿＿日

## 招标公告范例

1. 招标条件

本招标项目民乐县翟寨子水库除险加固工程已由甘肃省水利厅、甘肃省发展改革委员会以甘水发〔2008〕419号文件批准建设，项目业主为民乐县翟寨子水库除险加固工程建设管理处，建设资金来自中央财政预算内专项资金和地方配套资金，招标人为民乐县翟寨子水库除险加固工程建设管理处（来自中国招标网）。项目已具备招标条件，现对该项目的施工进行公开招标。

2. 项目概况与招标范围

民乐县翟寨子水库除险加固工程，位于民乐县城东南约15km的童子坝河中游，工程总投资约2637万元。该工程计划开工日期2009年5月25日，计划完工日期2010年8月25日。各标段划分情况如下（选自中国招标网）：

第一标段对右岸1号滑坡体进行处理。

第二标段对右岸2号滑坡体进行处理。

第三标段溢洪道改建工程。包括：溢洪道进水渠段改建、闸室上部结构改建、溢洪道重建及加固段工程施工。

第四标段溢洪道出口护岸工程施工。包括：土方开挖、碎石土夯填、混凝土浇筑等。

第五标段左坝肩防渗处理。包括：坝体心墙钻孔、坝基钻孔及帷幕灌浆。

第六标段泄洪洞进水闸、分水闸改建工程。包括：进口金属结构配套的混凝土拆除、浇筑；闸室上部结构的拆除、重建；分水泄洪闸缓冲段及分水渠的改建。

3. 投标人资格要求

3.1 本次招标要求投标人具备二级以上（含二级）水利水电工程和地基与基础工程施工总承包资质，近三年具有至少三项以上与本工程招标相类似的施工经验，并在人员、设备、资金等方面具有相应的施工能力。

3.2 本次招标不接受联合体投标。

3.3 各投标人均可就上述标段中的6个标段投标。

4. 招标文件的获取

4.1 凡有意参加投标者，请于2009年4月12日至2009年4月16日（法定公休日、法定节假日正常上班），每日上午8:30时至11:30时，下午2:30时至5:30时（北京时间，下同），在民乐县水务局四楼407室持法人代表或委托代理人身份证、单位介绍信、营业执照、资质证书和安全生产许可证副本购买招标文件。

4.2 第一、二、三标段招标文件每套售价2000元，其余各标段招标文件每套售价1000元，售后不退。图纸押金1000元，在退还图纸时退还（不计利息）。

4.3 邮购招标文件的，需另加手续费（含邮费）20元。招标人在收到单位介绍信和邮购款（含手续费）后当日内寄送。

5. 投标文件的递交

5.1 投标文件递交的截止时间（投标截止时间，下同）为2009年5月8日09时00分，地点为民乐县水务局五楼会议室。

5.2 逾期送达的或者未送达指定地点的投标文件，招标人不予受理。

6. 发布公告的媒介

本次招标公告同时在××经济信息网招标公告专栏上发布。

7. 联系方式

招标人：××县翟寨子水库除险加固工程建设管理处

地　址：××县水务局（民乐县西大街46号）

邮　编：734500

联系人：杨××

电　话：0936－442××××

传　真：0936－442××××

**2.4.4.6** 资格预审

资格预审，就是审查投标人的下列情况。

(1) 投标人组织与机构，资质等级证书，独立订立合同的权利。

(2) 近三年来承揽工程的情况。

(3) 目前正在履行合同情况。

(4) 近3年（或5年）的企业财务状况资料。

(5) 履行合同的能力，包括专业，技术资格和能力，资金、财务、设备和其他物质状况，管理能力，经验、信誉和相应的工作人员、劳力等情况。

(6) 受奖罚的情况和其他有关资料，没有处于被责令停业、财产被接管或查封、扣押、冻结、破产状态，在近3年（包括其董事或主要职员）没有与骗取合同有关的犯罪或严重违法行为。投标人应向招标人提交能证明上述条件的法定证明文件和相关资料。

**2.4.4.7** 发售招标文件

招标人向经资格审查合格的投标人发售招标文件及有关资料。

招标文件发出后，招标人不得擅自变更其内容。确需进行必要的澄清、修改或补充的，应当在招标文件要求提交投标文件截止时间至少15天前，书面通知所有获得招标文件的投标人。该澄清、修改或补充的内容是招标文件的组成部分，对招标人和投标人都有约束力。

**2.4.4.8** 组织现场踏勘及投标预备会

招标文件发售后，招标人要在招标文件规定的时间内，组织投标人踏勘现场，并对招标文件进行答疑。

1. 目的

招标人组织投标人进行踏勘现场，主要目的是让投标人了解工程现场和周围环境情况，获取必要的信息。

2. 内容

（1）现场是否达到招标文件规定的条件。

（2）现场的地理位置和地形、地貌。

（3）现场的地质、土质、地下水位、水文等情况。

（4）现场气温、湿度、风力、年雨雪量等气候条件。

（5）现场交通、饮水、污水排放、生活用电、通信等环境情况。

（6）工程在现场中的位置与布置。

（7）临时用地、临时设施搭建等。

3. 答疑形式

投标人对招标文件或者在现场踏勘中如果有疑问或不清楚的问题，可以而且应当用书面的形式要求招标人予以解答。招标人收到投标人提出的疑问或不清楚的问题后，应当给予解释和答复。招标人的答疑可以根据情况采用以下方式进行。

（1）以书面形式解答，并将解答内容同时送达所有获得招标文件的投标人。书面形式包括解答书、信件、电报、电传、传真、电子数据交换和电子函件等可以有形地表现所载内容的形式。以书面形式解答招标文件中或现场踏勘中的疑问，在将解答内容送达所有获得招标文件的投标人之前，应先经招标投标管理机构审查认定。

（2）通过投标预备会进行解答，同时借此对图纸进行交底和解释，并以会议记录形式同时将解答内容送达所有获得招标文件的投标人。

4. 投标预备会

投标预备会也称答疑会（标前会）。是指招标人为澄清或解答招标文件或现场踏勘中的问题，以便投标人更好地编制投标文件而组织召开的会议。投标预备会一般安排在招标文件发出后的7～28天内，现场踏勘后举行。参加会议的人员包括招标人、投标人、代理人、招标文件编制单位的人员、招标投标管理机构的人员等。会议由招标人主持。

5. 投标预备会内容

（1）介绍招标文件和现场情况，对招标文件进行交底和解释。

（2）解答投标人以书面或口头形式对招标文件和在现场踏勘中所提出的各种问题或疑问。

6. 投标预备会程序

（1）投标人和其他与会人员签到，以示出席。

（2）主持人宣布投标预备会开始。

（3）介绍出席会议人员。

（4）介绍解答人，宣布记录人员。

（5）解答投标人的各种问题和对招标文件进行交底。

（6）通知有关事项，如为使投标人在编制投标文件时，有足够的时间充分考虑招标人对招标文件的修改或补充内容，以及投标预备会议记录内容，招标人可根据情况决定适当延长投标书递交截止时间，并作通知等。

（7）整理解答内容，形成会议记录，并由招标人、投标人签字确认后宣布散会。会后，招标人将会议记录报招标投标管理机构核准，并将核准后的会议记录以补充通知形式送达所有获得招标文件的投标人。

**2.4.4.9** *召开开标会议*

投标预备会结束后，招标人就要为接受投标文件、开标做准备。接受投标工作结束，招标人要按招标文件的规定准时开标、评标。

1. 开标会

（1）时间。开标应当在招标文件确定的提交投标文件截止时间的同一时间公开进行。

（2）地点。开标地点应当为招标文件中预先确定的地点。按照国家的有关规定和各地的实践，招标文件中预先确定的开标地点，一般均应为建设工程交易中心。

（3）人员。参加开标会议的人员，包括招标人或其代表人、招标代理人、投标人法定代表人或其委托代理人、招标投标管理机构的监管人员和招标人自愿邀请的公证机构的人员等。评标组织成员不参加开标会议。开标会议由招标人或招标代理人组织，由招标人或招标人代表主持，并在招标投标管理机构的监督下进行。

（4）程序。开标会议的程序如下。

1）参加开标会议的人员签名报到，表明与会人员已到会。

2）会议主持人宣布开标会议开始，宣读招标人法定代表人资格证明或招标人代表的授权委托书，介绍参加会议的单位和人员，宣布唱标人员、记录人员名单。唱标人员一般由招标人的工作人员担任，也可以由招标投标管理机构的人员担任。记录人员一般由招标人或其代理人的工作人员担任。

3）介绍工程项目有关情况，请投标人或其推选的代表检查投标文件的密封情况，并签字予以确认。也可以请招标人自愿委托的公证机构检查并公证。

4）由招标人代表当众宣布评标、定标办法。

5）由招标人或招标投标管理机构的人员核查所有投标人提交的投标文件和有关证件、资料，检查其密封标志的完好性、签署情况等。经确认无误后，当众启封投标文件，宣布核查结果。

6）由唱标人员进行唱标。唱标是指公布投标文件的主要的关键性内容，当众宣读投标文件的投标人名称、投标报价、工期、质量、主要材料用量、投标保证金、优惠条件等主要内容。唱标顺序按各投标人报送的投标文件时间先后的逆顺序或抽签顺序进行。

7）由招标投标管理机构当众宣布审定后的标底。

8）由投标人的法定代表人或其委托代理人核对开标会议记录，并签字确认开标结果。

开标会议的记录人员应现场制作开标会议记录，将开标会议的全过程和主要情况，特别是投标人参加会议的情况、对投标文件的核查结果、开启并宣读的投标文件和标底的主要内容等，当场记录在案，并请投标人的法定代表人或其委托代理人核对无误后签字确认。开标会议记录应存档备查。投标人在开标会议记录上签字后，即退出会场。至此，开标会议结束，转入评标阶段。

2. 无效条件

(1) 未按招标文件的要求标志、密封的。

(2) 无投标人公章和投标人的法定代表人或其委托代理人的印鉴或签字的。

(3) 投标文件标明的投标人在名称和法律地位上与通过资格审查时的不一致，且这种不一致明显不利于招标人或为招标文件所不允许的情况。

(4) 未按招标文件规定的格式、要求填写，内容不全或字迹潦草、模糊，辨认不清的。

(5) 投标人在一份投标文件中对同一招标项目报有两个或多个报价，且未书面声明以哪个报价为准的。

(6) 逾期送达的。

(7) 投标人未参加开标会议的。

(8) 投标截止前提交了撤回通知的。

有上述情形，如果涉及投标文件实质性内容的，应当留待评标时由评标组织评审、确认投标文件是否有效。实践中，对在开标时就被确认无效的投标文件，也有不启封或不宣读的做法。如投标文件在启封前被确认为无效的，不予启封；在启封后唱标前被确认为无效的，不予宣读。在开标时确认投标文件是否无效，一般应由参加开标会议的招标人或其代表确认，确认的结果投标当事人无异议的，经招标投标管理机构认可后宣布。如果投标当事人有异议的，则应留待评标时由评标组织评审确认。

**2.4.4.10** 组建评标组织进行评标

开标会结束后，招标人要接着组织评标。评标必须在招标投标管理机构的监督下，由招标人依法组建的评标组织进行。组建评标组织是评标前的一项重要工作。

评标组织由招标人的代表和有关经济、技术等方面的专家组成。其具体形式为评标委员会，实践中也有是评标小组的。评标组织成员的名单在中标结果确定前应当保密。

评标一般采用评标会的形式进行。参加评标会的人员为招标人或其代表人、招标代理人、评标组织成员、招标投标管理机构的监管人员等。投标人不能参加评标会。评标会由招标人或其委托的代理人召集，由评标组织负责人主持。

1. 评标会的程序

(1) 开标会结束后，投标人退出会场，参加评标会的人员进入会场，由评标组织负责人宣布评标会开始。

(2) 评标组织成员审阅各个投标文件，主要检查确认投标文件是否实质上响应招标文件的要求；投标文件正副本之间的内容是否一致；投标文件是否有重大漏项、缺项；是否提出了招标人不能接受的保留条件等。

(3) 评标组织成员根据评标定标办法的规定，只对未被宣布无效的投标文件进行评议，并对评标结果签字确认。

(4) 如有必要，评标期间，评标组织可以要求投标人对投标文件中不清楚的问题作必要的澄清或者说明，但是，澄清或者说明不得超出投标文件的范围或改变投标文件的实质性内容。所澄清和确认的问题，应当采取书面形式，经招标人和投标人双方签字后，作为投标文件的组成部分，列入评标依据范围。在澄清会谈中，不允许招标人和投标人变更或寻求变更价格、工期、质量等级等实质性内容。开标后，投标人对价格、工期、质量等级等实质性内容提出的任何修正声明或者附加优惠条件，一律不得作为评标组织评标的依据。

(5) 评标组织负责人对评标结果进行校核，按照优劣或得分高低排出投标人顺序，并形成评标报告，经招标投标管理机构审查，确认无误后，即可据评标报告确定出中标人。至此，评标工作结束。

2. 评审内容：

评标组织对投标文件审查、评议的主要内容如下。

(1) 对投标文件进行符合性鉴定。包括商务符合性和技术符合性鉴定。投标文件应实质上响应招标文件的要求。所谓实质上响应招标文件的要求，就是指投标文件应该与招标文件的所有条款、条件和规定相符，无显著差异或保留。如果投标文件实质上不响应招标文件的要求，招标人应予以拒绝，并不允许投标人通过修正或撤销其不符合要求的差异或保留，使之成为具有响应性的投标文件。

(2) 对投标文件进行技术性评估。主要包括对投标人所报的方案或组织设计、关键工序、进度计划，人员和机械设备的配备，技术能力，质量控制措施，临时设施的布置和临时用地情况，施工现场周围环境污染的保护措施等进行评估。

(3) 对投标文件进行商务性评估。指对确定为实质上响应招标文件要求的投标文件进行投标报价评估，包括对投标报价进行校核，审查全部报价数据是否有计算上或累计上的算术错误，分析报价构成的合理性。发现报价数据上有算术错误，修改的原则是：如果用数字表示的数额与用文字表示的数额不一致时，以文字数额为准；当单价与工程量的乘积与合价之间不一致时，通常以标出的单价为准，除非评标组织认为有明显的小数点错位，此时应以标出的合价为准，并修改单价。按上述原则调整投标书中的投标报价，经投标人确认同意后，对投标人起约束作用。如果投标人不接受修正后的投标报价，则其投标将被拒绝。

(4) 对投标文件进行综合评价与比较。评标应当按照：招标文件确定的评标标准和方法，按照平等竞争、公正合理的原则，对投标人的报价、工期、质量、主要材料用量、施工方案或组织设计、以往业绩和履行合同的情况、社会信誉、优惠条件等方面进行综合评价和比较，并与标底进行对比分析，通过进一步澄清、答辩和评审，公正合理地择优选定中标候选人。

3. 评标方法

(1) 经评审的最低投标价法。经评审的最低投标价法是指对符合招标文件规定的技术标准，满足招标文件实质性要求的投标，根据招标文件规定的量化因素及量化标准进行价格折算，按照经评审的投标价由低到高的顺序推荐中标候选人，或根据招标人授权直接确定中标人，但投标报价低于其成本价的除外。经评审的投标价相等时，投标报价低的优先；投标报价也相等时，由招标人自行确定。

**【案例】**

有段公路工程项目投资 1700 万元，经咨询公司测算的标底价为 1700 万元，工期 300 天，每天工期损益价为 3 万元，甲、乙、丙 3 家企业的工期和报价以及经评标委员会评审后的报价见表 2.1。

表 2.1　　企业的工期、报价以及经评标委员会评审后的报价

| 企业名称 | 报价/万元 | 工期/d | 工期损益价/万元 | 经评审综合价/万元 |
| --- | --- | --- | --- | --- |
| 甲 | 1200 | 260 | 780 | 1980 |
| 乙 | 1300 | 200 | 600 | 1900 |
| 丙 | 900 | 310 | 930 | 1830 |

综合考虑报价和工期因素后以经评审的综合价作为选定中标候选人的依据，因此，最后选定乙企业为中标候选人。

评审的综合价格是符合招标实质性条件的全部费用，报价不是定标的唯一依据。上述3家企业中丙企业报价最低，但工期已经超过了标底的工期，因此不予考虑。甲企业报价虽比乙企业低，但综合考虑工期的损益价后，乙企业较甲企业的价格低，所以最后选定乙企业为中标候选人。

(2) 综合评估法。综合评估法是对价格、施工组织设计、项目经理的资历和业绩、质量、工期、信誉和业绩等各方面因素进行综合评价，从而确定中标人的评标定标方法。综合评估法按其具体分析方式不同，可分为定性综合评估法和定量综合评估法。定性综合评估法是对各评审指标分项进行定性比较分析，综合评估后选出其中被大多数评标组织成员认为各项条件都比较好的投标人作为中标人。这种方法评估标准弹性较大，衡量的尺度不具体，可能造成评估意见差距过大，难以抉择。定量评估法则将各评审因素指标进行量化打分，充分体现企业的整体责质和综合实力，准确反映公开、公平、公正的竞标法则，使质量好、信誉高、价格合理、技术强、方案优的企业能中标。常见的定量评估方法如下。

1) 以最低报价为标准值的综合评分法。

**【案例】**

某水利工程项目经有关部门批准由业主自行进行工程施工公开招标，该工程有甲、乙、丙、丁共4家企业经资格审查合格后参加投标。评标采用四项综合评分法。四项指标及权重分别为：投标报价0.5，施工组织设计合理性0.1，工期0.3，投标单位的业绩与信誉0.1，各项指标均以100分为满分。报价以所有投标文件中报价最低者为标准（该项满分），在此基础上，其他各家的报价比标准值每上升1%扣5分；工期比定额工期（600天）提前15%为满分，在此基础上，每延后10天扣3分。4家投标单位的开标结果及有关评标情况见表2.2。

表 2.2　　开标结果及评分表

| 投标单位 | 报价/万元 | 施工组织设计/分 | 工期/d | 业绩与信誉/分 |
| --- | --- | --- | --- | --- |
| 甲 | 8000 | 90 | 600 | 90 |
| 乙 | 8160 | 100 | 580 | 95 |
| 丙 | 8080 | 100 | 550 | 95 |
| 丁 | 8240 | 90 | 560 | 90 |

根据表2.2，计算各投标单位综合得分，并据此确定中标单位。评标过程如下。

a. 4家企业投标报价得分。根据评标标准，4家企业中，甲企业投标报价8000万元，属最低，因此甲企业投标报价得分为满分100分。

乙企业报价为8160万元，乙企业投标报价得分为

$$\frac{8160-8000}{8000}\times100\%=2\% \quad 100-\frac{2\%\times5}{1\%}=90(\text{分})$$

丙企业报价为8080万元，丙企业投标报价得分为

$$\frac{8080-8000}{8000}\times100\%=1\% \quad 100-5=95(\text{分})$$

丁企业报价为8240万元，丁企业投标报价得分为

$$\frac{8240-8000}{8000}\times100\%=3\% \quad 100-\frac{3\%\times5}{1\%}=85(\text{分})$$

b. 4家企业工期得分。根据评标标准，工期比定额工期（600天）提前15%为满分，即：

600×(1－15%)＝510（天）　工期510天为满分。

甲企业所报工期为600天，甲企业工期得分为

$$\frac{600-510}{10}\times3=27(\text{天}) \quad 100-27=73(\text{天})$$

乙企业所报工期为580天，乙企业工期得分为

$$\frac{580-510}{10}\times3=21(\text{天}) \quad 100-21=79(\text{天})$$

丙企业所报工期为550天，甲企业工期得分为

$$\frac{550-510}{10}\times3=12(\text{天}) \quad 100-12=88(\text{天})$$

丁企业所报工期为560天，甲企业工期得分为

$$\frac{560-510}{10}\times3=15(\text{天}) \quad 100-15=85(\text{天})$$

c. 4家企业综合得分。

甲企业：

$$100\times0.5+90\times0.1+73\times0.3+90\times0.1=89.9(\text{分})$$

乙企业：

$$90\times0.5+100\times0.1+79\times0.3+95\times0.1=87.7(\text{分})$$

丙企业：

$$95\times0.5+100\times0.1+88\times0.3+95\times0.1=93.4(分)$$

丁企业：

$$85\times0.5+90\times0.1+85\times0.3+90\times0.1=86(分)$$

根据综合得分情况，丙企业的得分最高，为推荐的中标候选人。

2）以标底作为标准值计算报价得分的综合评分法。

**【案例】**

某工程由于技术难度大，对施工单位的施工设备和同类工程施工经验要求高，工期也十分紧迫。因此，根据相关规定，业主采用邀请招标的方式邀请了国内3家施工企业参加投标。招标文件规定该项目采用钢筋混凝土框架结构，采用支模现浇混凝土施工方案施工，业主要求投标单位将技术标和商务标分别装订报送。评标原则如下。

a. 技术标共40分，其中施工方案10分，（因已确定施工方案，故该项投标单位均得满分10分）；施工总工期15分，工程质量15分，满足业主总工期要求（26个月）者得5分，每提前1个月加1分，不满足者不得分；工程质量自报合格者得5分，报优良者得8分（若实际工程质量未达到优良将扣罚合同价的2%），近三年内获得鲁班奖者每项加2分，获得省优工程奖者每项加1分。

b. 商务标共60分，报价不超过标底（3300万元）的±5%者为有效标，超过者为废标。报价为标底的98%者为满分60分；报价比标底98%每下降1%扣1分，每上升1%扣2分（计分按四舍五入取整）。各单位投标报价资料见表2.3。

**表2.3　各单位投标报价表**

| 投标单位 | 报价/万元 | 总工期/月 | 自报工程质量 | 鲁班工程奖/次 | 省优工程奖/次 |
|---|---|---|---|---|---|
| A | 3174.6 | 22 | 优良 | 2 | 2 |
| B | 3283.5 | 24 | 优良 | 1 | 2 |
| C | 3293.4 | 25 | 优良 | 1 | 1 |

根据以上资料运用综合评标法评标。

评标过程如下。

a. 计算各投标单位的技术标得分，见表2.4。

**表2.4　各投标单位的技术标得分**

| 投标单位 | 施工方案/分 | 总工期/分 | 工程质量/分 | 合计/分 |
|---|---|---|---|---|
| A | 10 | 5+（26−22）×1=9 | 8+2×2+2×1=14 | 33 |
| B | 10 | 5+（26−24）×1=7 | 8+1×2+2×1=12 | 29 |
| C | 10 | 5+（26−25）×1=6 | 8+1×2+1×1=11 | 27 |

b. 计算各投标单位的商务标得分，见表2.5。

表 2.5　　各投标单位的商务标得分

| 投标单位 | 报价/万元 | 报价占标底的比例/% | 扣分/分 | 得分/分 |
| --- | --- | --- | --- | --- |
| A | 3174.6 | (3174.6÷3300)×100＝96.2 | (98－96.2)×1≈2 | 60－2＝58 |
| B | 3283.5 | (3283.5÷3300)×100＝99.5 | (99.5－98)×2≈3 | 60－3＝57 |
| C | 3293.4 | (3293.4÷3300)×100＝99.8 | (99.8－98)×2≈4 | 60－4＝56 |

c. 计算各投标单位的综合得分，见表 2.6。

表 2.6　　各投标单位的综合得分

| 投标单位 | 技术标得分/分 | 商务标得分/分 | 综合得分/分 |
| --- | --- | --- | --- |
| A | 33 | 58 | 91 |
| B | 29 | 57 | 86 |
| C | 27 | 56 | 83 |

综合上述评标结果，A 投标单位得分最高，因此，A 单位为候选的中标单位。

3）以修正标底值计算报价的评分法。以标底价格作为报价评定标准时，有可能因为编制的标底没能反映出较先进的施工技术水平和管理能力，导致最终报价评分不合理。因此，在制定评标依据时，既不全部以标底价作为评标依据，也不全部以投标报价为评标依据，而是将这两方面的因素结合起来，形成一个标底的修正值作为衡量标准，此方法也被称为“$A+B$”法。$A$ 值反映投标人报价的平均水平，可采用简单算数平均值，也可以是加权平均值；$B$ 值为标底。

**【案例】**

某工程施工招标，报价项评分采用“$A+B$”法，报价项满分为 60 分。标底价格为 6500 万元。报价偏离在标底价格±5%范围内的投标书为有效报价。报价项每比修正的标底值高 1%扣 3 分，比修正的标底值低 1%扣 2 分。试求各入围企业报价项得分。

a. 确定投标报价入围的企业。

根据报价偏离在标底价格±5%范围内的为有效报价。入围的 5 家企业报价分别为：C 企业为 6750 万元，D 企业为 6550 万元，E 企业为 6350 万元，F 企业为 6300 万元，G 企业为 6250 万元。

b. 计算 $A$ 值（本例采用加权平均方法计算 $A$ 值）。

$$A=aX+bY$$

低于标底入围报价的平均值为 $X$，加权系数 $a=0.7$。

高于标底入围报价的平均值为 $Y$，加权系数 $b=0.3$。

$$X=(6350+6300+6250)\div 3=6300(\text{万元})$$

$$Y=(6750+6550)\div 2=6650(\text{万元})$$

$$A=6300\times 0.7+6650\times 0.3=6405(\text{万元})$$

c. $B$=6500 万元。

d. 修正后的标准值为

$$(A+B)\div 2=(6405+6500)\div 2=6452.5(\text{万元})$$

e. 计算各投标报价得分。

C 企业：

$$60-3\times(6750-6452.5)\div 6452.5\times 100=46.17(\text{分})$$

D 企业：

$$60-3\times(6550-6452.5)\div 6452.5\times 100=55.47(\text{分})$$

E 企业：

$$60-2\times(6452.5-6350)\div 6452.5\times 100=56.82(\text{分})$$

F 企业：

$$60-2\times(6452.5-6300)\div 6452.5\times 100=55.27(\text{分})$$

G 企业：

$$60-2\times(6452.5-6250)\div 6452.5\times 100=53.72(\text{分})$$

根据上述分析，E 企业报价得分最高。

**评析：**

采用修正标底的评标办法，能够在一定程度上避免预先制定的标底不够准确、使具有竞争性报价的投标人受到不公正待遇的缺点。采用这种评标方法计算时，为鼓励投标的竞争性，如果所有投标报价均高于标底，通常仍以标底作为标准值。

#### 2.4.4.11 择优定标并发出中标通知书

评标结束应当产生出定标结果。招标人根据评标组织提出的书面评标报告和推荐的中标候选人确定中标人，也可以授权评标组织直接确定中标人。定标应当择优，经评标能当场定标的，应当场宣布中标人；不能当场定标的，中小型项目应在开标之后 7 天内定标，大型项目应在开标之后 14 天内定标；特殊情况需要延长定标期限的，应经招标投标管理机构同意。招标人应当自定标之日起 15 天内向招标投标管理机构提交招标投标情况的书面报告。

中标人的投标，应符合下列条件之一。

(1) 能够最大限度地满足招标文件中规定的各项综合评价标准。

(2) 能够满足招标文件实质性要求，并且经评审的投标价格最低，但投标价格低于成本的除外。

在评标过程中，如发现有下列情形之一不能产生定标结果的，可宣布招标失败。

(1) 所有投标报价高于或低于招标文件所规定的幅度的。

(2) 所有投标人的投标文件实质上均不符合招标文件的要求，被评标组织否决的。

如果发生招标失败，招标人应认真审查招标文件及标底，做出合理修改，重新招标。在重新招标时，原采用公开招标方式的，仍可继续采用公开招标方式，也可改用邀请招标方式；原采用邀请招标方式的，仍可继续采用邀请招标方式，也可改用议标方式；原采用议标方式的，应继续采用议标方式。

经评标确定中标人后，招标人应当向中标人发出中标通知书，并同时将中标结果通知所有未中标的投标人，退还未中标的投标人的投标保证金。在实践中，招标人发出中标通知书，通常是与招标投标管理机构联合发出或经招标投标管理机构核准后发出。中标通知书对招标人和中标人具有法律效力。中标通知书发出后，招标人改变中标结果的，或者中标人放弃中标项目的，应承担法律责任。

中标通知书、中标结果通知书和确认通知范本如下。

## 中标通知书

________（中标人名称）：

你方于________（投标日期）所递交的________（项目名称）________标段施工投标文件已被我方接受，被确定为招标人。

中标价：________元。

工期：________日历天。

工程质量：符合________标准。

项目经理：________（姓名）。

请你方在接到本通知书后____日内到________（指定地点）与我方签订施工承包合同，在此之前按招标文件第二章“投标人须知”第7.3款规定向我方提交履约保证金。

特此通知。

招标人：________（盖单位章）

法定代表人：________（签字）

____年____月____日

## 中标结果通知书

________（未中标人名称）：

我方已接受________（中标人名称）于________（投标日期）所递交的________（项目名称）________标段施工投标文件，确定________（中标人名称）为中标人。

感谢你单位对我们工作的大力支持！

招标人：________（盖单位章）

法定代表人：________（签字）

____年____月____日

## 确认通知

________（招标人名称）：

我方已接到你方____年____月____日发出的________（项目名称）________标段施工招标关于________的通知，我方已于____年____月____日收到。

特此确认。

投标人：________（盖单位章）

____年____月____日

#### 2.4.4.12 签订合同

中标人收到中标通知书后，招标人、中标人双方应具体协商谈判签订合同事宜，形成合同草案。在各地的实践中，合同草案一般需要先报招标投标管理机构审查。招标投标管理机构对合同草案的审查，主要是看其是否按中标的条件和价格拟订。经审查后，招标人与中标人应当自中标通知书发出之日起30天内，按照招标文件和中标人的投标文件正式签订书面合同。招标人和中标人不得再订立背离合同实质性内容的其他协议。同时，双方要按照招标文件的约定相互提交履约保证金或者履约保函，招标人还要退还中标人的投标保证金。招标人如拒绝与中标人签订合同除双倍返还投标保证金外，还需赔偿有关损失。

履约保证金或履约保函是为约束招标人和中标人履行各自的合同义务而设立的一种合同担保形式。其有效期通常为2年，一般直至履行完义务（如提供了服务、交付了货物或工程已通过了验收等）为止。招标人和中标人订立合同相互提交履约保证金或者履约保函时，应注意指明履约保证金或履约保函到期的具体日期，如不能具体指明到期日期的，也应在合同中明确履约保证金或履约保函的失效时间。如果合同规定的项目在履约保证金或履约保函到期日未能完成的，则可以对履约保证金或履约保函展期，即延长履约保证金或履约保函的有效期。履约保证金或履约保函的金额，通常为合同金额的5%～10%，也有的规定不超过合同金额的5%。合同订立后，应将合同副本分送各有关部门备案，以便接受保护和监督。至此，招标工作全部结束。招标工作结束后，应将有关文件资料整理归档，以备查考。

招标失败的处理。

在评标过程中，如发现有下列情形之一不能产生定标结果的，可宣布招标失败。

（1）所有投标报价高于或低于招标文件所规定的幅度的。

（2）所有投标人的投标文件实质上均不符合招标文件的要求，被评标组织否决的。

如果发生招标失败，招标人应认真审查招标文件及标底，做出合理修改，重新招标。在重新招标时，原采用公开招标方式的，仍可继续采用公开招标方式，也可改用邀请招标方式；原采用邀请招标方式的，仍可继续采用邀请招标方式，也可改用议标方式；原采用议标方式的，应继续采用议标方式。

经评标确定中标人后，招标人应当向中标人发出中标通知书，并同时将中标结果通知所有未中标的投标人，退还未中标的投标人的投标保证金。在实践中，招标人发出中标通知书，通常是与招标投标管理机构联合发出或经招标投标管理机构核准后发出。中标通知书对招标人和中标人具有法律效力。中标通知书发出后，招标人改变中标结果的，或者中标人放弃中标项目的，应承担法律责任。

### 2.4.5 招标文件的编制

#### 2.4.5.1 招标文件的内容

招标人根据施工招标项目的特点和需要编制招标文件，招标文件一般包括：前附表、投标须知、合同主要条款、合同格式、采用工程量清单招标的应当提供工程量清单、技术规范、设计图纸、评标标准和方法、投标文件的格式。

招标人应当在招标文件中规定实质性要求和条件，并用醒目的方式标明。

1. 前附表

前附表是投标须知前附表的简称，它以表格的形式将投标须知概括性地表示出来，放在招标文件最前面，使投标人一目了然，有利于引起注意和便于查阅。前附表一般包括以下内容。

（1）招标项目概括，包括：项目名称、建设地点、建设规模、结构类型、资金来源等内容。

（2）招标范围。

（3）承包方式。

（4）合同名称。

（5）投标有效期。

（6）质量标准。

（7）工期要求。

（8）投标人资质等级。

（9）必要时概括列出投标报价的特殊性规定。

（10）投标保证金数额。

（11）投标预备会时间、地点。

（12）投标文件份数。

（13）投标文件递交地点。

（14）投标截止时间。

（15）开标时间。

2. 投标须知

投标须知一般包括总则、招标文件、开标、评标、合同授予等内容。

（1）总则。投标须知的总则通常包括：①招标项目概括。招标项目概括内容包括主要项目名称、建设地点、建设规模、结构类型、资金来源、建设审批文件等内容；②招标范围；③承包方式；④招标方式；⑤招标要求。包括质量标准、工期要求；⑥投标人条件。包括企业资质和项目经理资质等；⑦投标费用。

（2）招标文件。招标文件内容包括：①招标文件组成；②招标文件解释。其中规定了招标文件解释的时间和形式；③现场踏勘；④投标预备会；⑤招标文件修改。其中规定了招标文件修改的形式、时效、法律效力。

（3）投标文件。投标文件是投标须知中对招标文件各项要求的阐述。主要包括：①投标文件的语言；②投标报价的规定。包括：报价有效范围、报价依据、报价内容、部分费率和单价的规定、投标货币、主要材料和设备的品牌规定等；③投标文件编制要求。包括：投标书组成内容、投标文件格式要求、投标文件的份数和签署、投标文件的密封与标志、投标有效期和投标截止期等；④投标文件递交规定。包括投标文件封包要求、投标文件递交的时间和地点等；⑤投标保证金。这是对投标保证金的货币或单证形式以及交纳时间等问题的说明；⑥投标文件的修改与撤回。这是对投标书的修改与撤回在时间和形式上的规定。

（4）开标。开标内容一般包括：①开标的时间、地点；②开标会议出席人员规定；③会前必须交验的有关证明文件的规定；④程序性废标的条件；⑤唱标和记录规定。

（5）评标。评标内容一般包括：①评标委员会的组成；②评标办法；③实质性废标条件；④投标文件澄清规定；⑤评标保密规定。

（6）合同授予。合同授予内容一般包括：①中标通知书发放规定；②履约保证金或包涵递交时效规定；③合同签订时效规定。

3. 合同主要条款

合同主要条款一般包括：施工组织设计和工期、工程质量和验收、合同价款与支付、工程保修和其他部分。

(1) 施工组织设计和工期。施工组织设计和工期内容一般包括：①进度计划编制要求；②开工、竣工日期；③工程延期的条件。

(2) 工程质量和验收。工程质量与验收内容一般包括：①质量标准；②质量验收程序。

(3) 合同价款与支付。合同价款与支付内容一般包括：①合同价款调整规定；②工程款支付规定。

(4) 其他。这一部分根据招标人的具体要求编写。

4. 合同格式

合同格式规定了合同所采用的文本格式。国内项目大多数采用由建设部和国家工商行政管理局制定的《建设工程施工合同（示范文本）》(GF—1999—0201)。

5. 技术规范

技术规范主要说明本项目适用规范、标准。

6. 设计图纸

设计图纸对施工图的移交做出规定。招标文件中的图纸，不仅是投标人拟定施工方案、确定施工方法、提出替代方案、计算投标报价必不可少的资料，也是工程合同的组成部分。因此在图纸中应详细列出图纸张数和编号。

7. 评标标准和方法

评标标准和方法已在招标实务中进行解释。

8. 投标文件的格式

投标文件的格式主要提供一些投标文件的统一格式。

**2.4.5.2** 招标文件实例

# 第一章　招标公告、投标须知、合同条款

## 第一节　招　标　公　告

1. ×××银行办公大楼工程，已由××市计划委员会批准建设。本工程建设地点位于××市××大道南侧，公交四分公司东侧，东邻××区国税局大楼、××区区政府办公大楼，南接规划支路，总建筑面积35033.7m$^2$。现按规定通过公开招标选定本工程的施工承包单位。

2. 本工程的项目管理单位为×××建设监理有限公司。

3. 工程质量要求达到一次性验收合格标准，争创××杯。

4. 招标工期为580天（日历天）。

5. 参加投标报名的单位必须具有建筑施工总承包一级及以上施工资质，工程项目经理必须具有工民建一级施工资质。报名单位可携带营业执照、资质等级证书、××区建设工程交易证、项目经理资质证书、项目经理工作手册及招标信息上要求的其他资料向××区建设工程交易中心报名，经××市建设工程交易中心资质审查符合要求，并按本工程招标领导小组确定的方法产生的入围投标单位可凭有关证件向×××建设监理有限公司购买

招标文件。

6. 招标文件售价1000元、图纸资料押金2000元。同时交纳投标保证金50万元整。

7. 本工程的招标范围为桩基、土建、安装施工总承包。

8. 招标工作安排

(1) 招标文件发放时间：2003年　月　日上午（北京时间）

地点：×××市×××区建设工程交易中心（×××市×××南路18号）

(2) 踏勘现场时间：2003年　月　日上午（北京时间）

(3) 招标预备会时间：2003年　月　日上午（北京时间）

地点：××市××区建设工程交易中心（×××市×××南路18号）

(4) 答疑时间：2003年　月　日上午（北京时间）

地点：×××市×××东路787号（××大厦四楼会议室）

(5) 投标递交截止日期：2003年　月　日上午（北京时间）

地点：×××市×××区建设工程交易中心（×××市×××南路18号）

(6) 开标日期：2003年　月　日上午（北京时间）

地点：×××市×××区建设工程交易中心（×××市×××南路18号）

9. 建设单位：×××银行

地址：×××市×××东路787号（×××大厦）

邮政编码：×××

联系人：×××

电话：×××-87065688

10. 项目管理单位：×××建设监理有限公司

地址：×××市×××区×××巷5号7楼

邮政编码：×××

联系人：×××、×××

电话：×××-87298497

传真：×××-87297325

## 第二节　投　标　须　知

表2.7　　　　前　附　表　一

| 序号 | 条款号 | 内　容 |
| --- | --- | --- |
| 1 | 1.1 | 建设单位名称：××××银行<br>项目管理单位名称：××××建设有限公司<br>工程名称：××××银行办公大楼<br>工程地点：××市××大道<br>工程总投资：<br>招标范围：桩基、土建、安装、附属工程施工总承包<br>结构类型：现浇框架剪力墙结构，地上二十一层，地下一层<br>要求质量标准：一次性合格，争创××杯<br>招标工期：580天（日历天）<br>招标工程类型：甲类投资，民用一类 |

续表

| 序号 | 条款号 | 内容 |
| --- | --- | --- |
| 2 | 1.1 | 允许分包内容：桩基、电话、智能化弱点、消防工程、空调、幕墙、二次装饰、绿化景观等 |
| 3 | 2.1 | 建设资金来源：自筹 |
| 4 | 3.1 | 施工企业资质等级：建筑施工总承包一级及以上<br>项目经理资质等级：工民建一级 |
| 5 | 10 | 投标有效期：投标截止期结束后60天 |
| 6 | 11.1 | 投标保证金数额为：50万元 |
| 7 | 12.1 | 投标预备会议时间：2003年 月 日上午 时（北京时间）<br>地点：××区建设工程交易中心（地址： 路 号 楼 ） |
| 8 | 13.1 | 投标文件份数：伍份（正本壹份，副本肆份） |
| 9 | 14.2 | 投标文件递交至：××区建设工程交易中心（地址： 路 号 楼） |
| 10 | 15.1 | 投标截止时间：2003年 月 日 时 |
| 11 | 16.1 | 开标时间：2003年 月 日 时<br>地点：××区建设工程交易中心（地址： 路 号 楼） |

表 2.8 前附表二

| 序号 | 项目内容 | 招标文件要求 | 备注 |
| --- | --- | --- | --- |
| 1 | 履约保证金 | 合同总价的15% | 其中：质量5%、工期5%、其他5% |
| 2 | 报告开工时间 | 收到开工通知后3天内 | |
| 3 | 工期提前奖励标准 | 不计 | |
| 4 | 投标承诺工期延误赔偿标准 | 10000元/天 | |
| 5 | 投标承诺工期延误赔偿限额 | 合同总价的5% | |
| 6 | 质量未达到投标承诺违约金 | 合同总价的5% | |
| 7 | 未履行项目经理到位率不小于90%承诺违约金 | 合同总价的1.0% | |
| 8 | 未履行主要施工管理人员满足施工管理需要的条件且未及时执行要求更换或增加施工管理人员的监理函件承诺违约金 | 合同总价的1.0% | |
| 9 | 未履行按投标文件配备施工所需的主要机械设备到场承诺违约金 | 合同总价的1.0% | |
| 10 | 未履行不发生重大质量安全事故承诺违约金 | 合同总价的1.0% | |
| 11 | 未履行认真及时执行监理指令承诺违约金 | 合同总价的0.5% | |
| 12 | 未履行创××区及以上等级标准化工地承诺违约金 | 合同总价的0.5% | |

续表

| 序号 | 项 目 内 容 | 招标文件要求 | 备注 |
| --- | --- | --- | --- |
| 13 | 文明施工增加费 | 自报 | |
| 14 | 提前竣工增加费 | 不计 | |
| 15 | 优良工程增加费 | 不计 | |
| 16 | 工程保修金 | 合同总价的5% | |
| 17 | 除桩基工程、空调系统、电话、智能化弱电、消防工程、玻璃幕墙、二次装饰外的分包工程不计取总包管理费 | 同意 | |
| 18 | 是否同意招标文件其他内容 | 同意 | |
| 19 | 是否同意合同协议条款 | 同意 | |

一、总则

1 工程说明

工程的说明见投标须知前附表一第1项和第2项所述。

2 招标方式

本工程按照×××市×××区建设工程项目招标投标管理的有关规定，已办理招标申请，采用公开招标方式进行招标。

3 资金来源

建设单位的资金通过前附表一第3项所述的方式获得，并将部分资金用于本工程合同项下的合格支付。

4 资质与合格条件的要求

4.1 参加投标的单位和项目经理必须满足前附表一第4项所要求的相应的资质。

4.2 为取得被授予合同的资格，投标单位应向××区建设工程交易中心提供符合招标信息要求的资格文件，以证明其符合投标合格条件和具有履行合同的能力。为此，应提交下列资料：

(1) 有关确立投标单位法律地位的原始文件的副本（包括营业执照、企业资质等级证书、×××区建设工程交易证、项目经理资质证书、项目经理工作手册及其他需提供的资料等）。

(2) 投标单位在过去三年完成的工程的情况和现在正在履行的合同情况，以及获奖情况。

(3) 投标单位成立时间、简介、技术力量、专业情况及拟在施工现场的管理和技术人员的情况。

5 投标费用

投标单位应承担其投标文件的编制与递交所涉及的一切费用，不管投标结果如何，招标单位对上述费用不负任何责任。

二、招标文件组成内容

6 招标文件的组成

6.1　招标文件包括以下内容：

第一章　招标公告投标须知合同条款

第一节　招标公告

第二节　投标须知

第三节　合同格式

第四节　合同协议条款

第二章　规范要求和技术资料

第三章　投标文件格式

6.2　投标单位应认真审阅招标文件中所有的投标须知、合同条件、规定格式、要求说明、技术规范和技术资料。如果投标单位的投标文件不能满足本招标文件的实质要求，责任由投标单位自负。

7　招标文件的修改

7.1　在投标截止日期一定时间前，招标单位可能会以补充通知的方式修改招标文件，以书面方式发给所有获得招标文件的投标单位，并作为招标文件的组成部分，对投标单位起约束作用。

7.2　为使投标单位在编制投标文件时把补充通知内容考虑进去，招标单位可以适当延长投标截止日期。

三、投标报价说明

8　投标价格

8.1　投标报价范围及内容

8.1.1　投标报价应是招标文件确定的本工程（除桩基工程、空调系统、电话、智能化弱电、消防工程、玻璃幕墙、二次装饰、景观工程以外）的全部工作内容的价格表现。

8.1.2　本工程桩基工程、空调系统、电话、智能化弱电、消防工程、玻璃幕墙、二次装饰、景观工程价格按有关规定确定，投标单位自报总包管理费费率。

8.2　本工程报价文件编制依据

8.2.1　施工图纸、招标文件、补充纪要等技术资料。

8.2.2　定额

定额依据包括：《××省建筑工程预算定额》（1994版）、《全国统一安装工程预算定额》（1994年××省单位估价表）、《××省建筑（中高档装饰）工程补充预算定额》（2000年）、《××省安装材料设备组价手册》、《××省建安工程费用定额》及配套的有关补充定额、文件规定。

8.2.3　材料市场价格

1）由建设单位定品牌、型号的材料设备的市场参考价由建设单位另行提供暂定价（见附件五），建设单位标底编制采用附件五中暂定价格。

2）除上述1）条所列以外的材料价格参照××市建设工程造价信息（2003年第7期）报价。

3）上述2）条未列材料参照××省建设工程造价（2003年第二季度）报价。

4）混凝土采用预拌混凝土。

5）其他有关规定。

8.2.4 分包工程总包管理费（含现场现有垂直运输设备及脚手架使用配合费）费率范围为0～3%（含3%）。

8.3 投标货币

投标报价采用人民币表示。

8.4 本工程的投标报价为固定价格（除工程变更及工程量增减按第39条可调外），固定总包管理费率，投标方报价时应考虑市场价格波动、政策变化及所有不可预见因素等。

四、投标文件的编制

9 投标文件的语言

9.1 投标文件及投标单位与招标单位之间的与投标有关的来往通知、函件和文件均使用中文。

10 投标文件的编制要求

10.1 本工程的投标文件主要包括下列内容：

10.1.1 技术标编制为明标，内容如下。

施工组织设计

投标单位应递交完整的施工方案或施工组织设计，说明各分部分项工程的施工方法和布置，提交包括临时设施和施工道路的施工总布置图及其他必需的图表、文字说明书等资料，至少应包括下列内容：

1）施工现场平面布置。

2）施工总进度及单项进度安排及网络计划（需提供网络图）。

3）质量及安全文明施工保证措施及环保措施。

4）劳动力及主要物资、主要机械配备情况。

5）施工管理网络及人员配备。

6）屋面特殊防水材料施工技术方案。

7）其他特殊分项工程施工技术方案。

8）总承包商与分承包商的管理、协调措施。

9）辅助资料具体详见附表四、附表五、附表七、附表八、附表九。

10.1.2 商务标

1）商务投标文件具体详见附件一、附表一、附件二、附表二（均略）。

2）辅助资料具体详见附表三、附表六（均略）。

3）资信业绩具体详见附表十、附表十一、附表十二、附表十二（均略）。

10.2 投标单位必须使用招标文件第三章提供的表格格式，但表格可以按同样格式扩展。

11 投标有效期

11.1 投标文件在前附表一第10项规定的投标截止日期之后的60日历天内有效。

11.2 在原定投标有效期满之前，如果出现特殊情况，经招标领导小组批准，招标单位可以书面形式向投标单位提出延长投标有效期的要求，投标单位须以书面形式予以答复。投标单位可以拒绝这种要求而不被没收投标保证金；同意延长投标有效期要求的投标单位不允许修改其投标文件，但需要相应地延长投标保证金的有效期，在延长期内本须知第12条关于投标保证金的退还与没收的规定仍然适用。

12　投标保证金

12.1　投标单位应于招标预备会前向招标单位提供不少于前附表一第6项规定数额的投标保证金。

12.2　投标保证金可以是支票。

12.3　对于未能按要求提交投标保证金的投标，招标单位将视为不响应招标而予以拒绝。

12.4　未中标的投标单位的投标保证金的退还（无息），最迟不超过规定的投标有效期满后的5天。

12.5　中标单位的投标保证金，在按要求提交履约保证金并签署合同协议后，予以退还（无息）。

12.6　如投标单位有下列情况之一，将被没收投标保证金。

12.6.1　投标单位在投标有效期内撤回其投标文件。

12.6.2　中标单位未能在规定期限内提交履约保证金或签署合同协议。

13　招标预备会

13.1　招标预备会的目的是澄清、解答投标单位提出的问题和组织投标单位考察现场、了解情况。投标单位应派代表按前附表一所述时间和地点出席招标预备会。

13.2　现场考察

13.2.1　投标单位可能被邀请对工程现场和周围环境进行现场考察，以获取那些需自己负责的有关编制投标文件和签署合同所需的所有资料，考察现场的费用由投标单位自己承担。

13.2.2　在现场考察中由招标单位提供的资料和数据，只是投标单位能够利用的招标单位现有的资料。招标单位对投标单位由此而作出的推论、解释和结论概不负责。

13.3　会议纪要

将形成的会议纪要及时提供给所有出席会议和获得招标文件的投标单位。

14　投标文件的份数和签署

14.1　投标单位按前附表一第8项的规定份数编制投标文件，并明确标明“正本”和“副本”。正本和副本如有不一致之处，以正本为准。

14.2　投标文件包括商务标及技术标的正本与副本均应使用不能擦去的墨水打印或书写，并在招标文件的规定格式及需要处加盖单位法人章和法定代表人印鉴。

14.3　全套投标文件应无涂改和行间插字，除非这些删改是根据招标单位的指示进行的，或者是投标单位造成的必须修改的错误，但修改处应加盖投标单位法人公章及法定代表人印鉴。

五、投标文件的递交

15　投标文件的文本及其包封的密封与标志

15.1　投标单位应将各工程的投标文件的技术标和商务标分别密封在两个不同的包封中，并正确标明“技术标”或“商务标”，技术标或商务标中的封面应正确标明“正本”

或“副本”、投标单位的名称并加盖投标单位的法人公章及法定代表人印鉴并签字。

15.2 包封应密封完好，标明招标工程名称、建设单位名称、投标单位的名称并加盖投标单位的法人公章及法定代表人印鉴并签字。

15.3 如果包封上没有按上述规定密封并加以标志，招标单位将不承担投标文件错放或提前开封的责任，由此造成的提前开封的投标文件将予以拒绝，并退还给投标单位。

15.4 如果投标文件的文本未按规定密封和标志，则应按18.5规定执行。

16 投标截止期

16.1 投标单位应在前附表一第10项规定的日期和时间之前递交投标文件。

16.2 招标单位在投标截止期后收到的投标文件，将原封退还给投标单位。

17 投标文件的修改与撤回

17.1 投标单位在递交投标文件后，在规定的投标截止日期前，可以书面形式向招标单位递交修改或撤回其投标文件的通知。在投标截止日期以后，不能更改投标文件。

17.2 投标单位的修改或撤回通知，应按本须知第15条的规定编制、密封和递交，并在包封上标明“修改”或“撤回”。

17.3 在投标截止时间与招标文件中规定的投标有效期终止日之间的这段时间内，投标单位不得撤回投标文件，否则其投标保证金将被没收。若出现第11.2条情况，按11.2执行。

六、开标

18 开标

18.1 在所有投标单位法定代表人（或授权代表）及项目经理在场的情况下，招标单位将按前附表一第11项规定的时间和地点举行开标会议。投标单位应同时提交资质证书副本、营业执照副本、×××区建设工程交易证、项目经理资质证书、法定代表人授权委托书、投标保证金收执证明及其他要求提交的证书原件和复印件。

开标前未提交资质证书副本、营业执照副本、×××区建设工程交易证、项目经理资质证书、法定代表人授权委托书、投标保证金收执证明及其他要求提交的证书原件和复印件的单位作为不响应招标文件要求，将被拒绝投标。

18.2 开标会议在有关部门监督与指导下，由项目管理单位组织并主持。

18.3 投标单位法定代表人（或授权代表）及项目经理（必须与通过投标报名核准的项目经理相一致）未准时参加开标会议的视为自动放弃投标。

18.4 开标顺序为先开技术标，技术标评审结束再开商务标，然后进行商务评标并汇总。

18.5 在技术标及商务标评审之前，在××区招标办监督下，项目管理单位必须先对投标文件进行检查，有下列情况之一者将视为无效标，不予评审。

18.5.1 投标文件文本未按规定标志、密封。

18.5.2 商务标或技术标未盖投标单位法人章或未盖法定代表人印鉴。

18.5.3 投标文件擅自改变招标文件提供的内容或格式，致使招标文件的原意发生改变。

18.5.4 投标截止时间后送达投标文件。

18.5.5　投标单位未按招标文件要求提交投标保证金。

18.5.6　投标文件中有涂改、行间插字或删除的内容未盖投标单位法人公章或法定代表人印鉴。

18.6　经检查，有效投标文件达到三家以上（含三家），才可开技术标或商务标，否则应视本次招标缺乏有效竞争而重新组织招标。

18.7　对符合招标文件要求的技术标进行评审，评审结束后，公布技术标评审结果。

18.8　对符合招标文件要求的商务标，宣读其投标报价、工期、质量、各项承诺及与评标有关的其他内容，并做好开标记录。

七、评标

19　评标内容的保密

公开开标后，直到宣布授予中标单位为止，凡属于审查、澄清、评价和比较投标的有关资料，和有关授予合同的信息都不应向投标单位或与该过程无关的其他人泄露。

20　投标文件的澄清

20.1　为了有助于投标文件的审查、评价和比较，评委可以个别地要求投标单位书面澄清其投标文件，但澄清或说明不得超出投标文件的范围或改变投标文件的实质性内容。但是按照本须知第23条规定校核时发现的错误不在此列。

20.2　一般将投标总报价、投标工期、质量目标承诺、质量工期奖罚条件及违约责任、履约保证金、保修金、招标文件要求承诺的其他主要商务条款及有评分要求的技术经济指标、管理班子配备符合要求性、施工技术可靠性、施工方案可行性等主要内容作为招标文件的实质性要求内容。

21　招标文件的符合性鉴定

21.1　在详细评标之前，评委将首先审查投标文件是否在实质上响应了招标文件的要求。如果投标文件实质上不响应招标文件的要求，招标单位将予以拒绝，并且不允许通过澄清、修正或撤销其不符合要求的差异或保留，使之成为具有响应性的投标。

21.2　实质上响应招标文件要求的投标文件，应该与招标文件的所有规定要求、条件、条款和规范相符，无显著差异或保留。所谓显著差异或保留是指对工程发包范围、质量标准及运用产生实质性影响，或者对合同规定的建设单位的权力及投标单位的责任造成实质性限制，而且纠正这种差异或保留，将会对其他实质上响应招标文件要求的投标单位的竞争地位产生不公正影响。

22　报价形式确认

8.1.1条内容以总报价为准，8.1.2条内容以总包管理费率为准。

23　对报价中算术错误的修正

23.1　评委将对确定实质上响应招标文件要求的投标文件进行校核，看其是否有算术错误，修正错误的原则如下：

23.1.1　如果用数字表示的数额与用文字表示的数额不一致时，以文字数额为准。

23.1.2　对于总报价、费率的错误，一律不做修改调整。单价与总报价有抵触时，以总报价为准。

23.2　按上述修改错误的方法，经投标单位确认同意后，调整后的价格对投标单位起约束作用。如果投标单位不接受修正后的投标价格则其投标将被拒绝，其投标保证金将被没收。

24　投标文件的评价与比较

24.1　评委将仅对按本须知21条确定为实质上响应招标文件要求的投标文件进行评价和比较。

24.2　评价和比较应根据评标办法对投标报价、工期、质量标准、主要材料用量、施工方案或施工组织设计、优惠条件、社会信誉及以往业绩等内容进行综合评定。

24.3　其他规定。

八、评标办法

25　本工程评标办法

本工程评标办法根据有关规定制定，按照“竞争、优选；公正、公平、科学合理；质量好、信誉高、价格合理、工期适当、施工方案先进可行；反对不正当竞争；规范性与灵活性相结合”的评标原则进行评标，具体细则详见附件。

九、授予合同

26　合同授予标准

招标单位将把合同授予其投标文件在实质上响应招标文件要求和按本须知第24条规定许选出的、具有实施本合同的能力和资历的投标单位。

27　中标通知书

27.1　招标单位将以书面形式通知中标的投标单位其投标被接受。

27.2　中标通知书在签发之前，应在××区建设工程交易中心及其网站上公示，公示期间，对中标结果有投诉或异议的，××区招标办应予以受理，并责成招标单位作出相应答复。据查，招标投标过程中如确实存在通过不正当行为中标的，中标结果无效，应重新组织招标，并对有关违纪、违法人员作出相应处理。

27.3　中标通知书的签发须经××区招标办备案。

27.4　中标通知书为合同的组成部分。

27.5　在中标单位按本须知第29条的规定提供了履约保函后，招标单位应及时将未中标的结果通知其他未中标单位。

28　合同协议书的签署

中标单位按中标通知书中规定的日期、时间、地点，由法定代表人或授权代理人与建设单位代表进行工程承发包合同签订。

29　履约担保

中标的投标单位应按规定向建设单位提交履约担保，履约担保由在中国注册的银行出具保证金保函，保证金金额为合同价格的15%，中标单位应使用招标文件中提供的履约担保格式。

十、其他

30　投标单位有下列行为的，应取消其中标资格。

30.1　在投标过程中与其他投标单位或招标单位或编制标底单位有串标行为的。

30.2　在投标过程中有弄虚作假行为的。

30.3　在投标过程对招标单位、评委及相关工作人员施加压力、影响招标、评标公正性，或以不正当手段谋取中标的。

### 第三节　合同协议条款

合同协议条款将由招标单位与中标单位依据第二节规定的合同格式，结合具体的工程情况，协商后签订。以下为招标单位提出的涉及投标单位的主要条款，投标单位在投标文件中进行承诺。

## 第二章　技术规范及技术资料

### 第一节　技术规范

1. 现场自然条件

如现场环境、地形、地貌、地质等具体详见地质勘察报告和施工图说明。

2. 现场施工条件

建设用地面积具体详见总平面图，建筑物占地面积14763m$^2$，施工现场已完成“三通一平”。

3. 本工程采用的技术规范

现行的有关国家、地方、行业技术规范、规程和规定。

### 第二节　图纸等技术资料

建设单位提供的有关资料（如地质勘察报告、施工图等）。

## 第三章　投标文件格式

### 第一节　商务投标文件

1. 投标书（略）

2. 投标书附录（略）

3. 总报价一览表（略）

4. 授权委托书（略）

### 第二节　合同格式

本工程的合同格式，采用建设部和国家工商行政管理局制定的《建设工程施工合同（示范文本）》（GF－1999－0201）。

### 第三节　辅助资料表

1. 项目经理简历表（略）

2. 主要施工管理人员表（略）

3. 主要施工机械设备表（略）

4. 项目拟分包情况表（略）

5. 劳动力计划表（略）

6. 计划开工、竣工日期和施工进度表（略）

7. 临时设施布置及临时用地表（略）

### 第四节　资格预审条件

1. 投标单位企业概况（略）

2. 近三年来所承建工程情况一览表（略）

3. 目前正在承建工程情况一览表（略）

4. 近一年同类工程获奖情况（略）

# 附　　件

## 评　标　细　则

一、评标依据

1.《中华人民共和国招标投标法》。

2.《×××银行办公大楼施工招标文件》。

二、招标评标责任机构

本次招标评标责任机构为×××银行。

三、投标书响应性的确定

1. 首先确定投标单位是否满足前附表一（表 2.8）规定的资格标准。

2. 审定投标书是否实质上响应了招标文件的要求。

3. 对符合上述 1、2 款的投标书进行细评。

四、评标原则

1. 评标严格按照招标文件规定程序进行，技术标和商务标分别评选，先评技术标，再开商务标。

2. 评标标底采用加权平均法产生。

3. 所有的计算结果小数点后保留两位，计算分值时采用插值法。

4. 评标将依据评标办法对投标单位的报价、工期、质量、施工组织设计、单位资信及项目经理业绩等方面综合评分，公正合理地选定中标单位。

五、评标内容

细评分为两大类：商务分 75 分，技术分 25 分。

（一）商务分 75 分

1. 投标报价 60 分

计分方法：

（1）招标文件 8.1.1 条内容总报价评分 58 分。

（2）招标文件 8.1.2 条内容总包管理费率评分 2 分。

（3）总包管理费有效范围为（0～3%）含（3%），总包管理费为 1.5%得 2 分，每上浮 0.1%扣 0.1 分，下浮不加分。

2. 质量承诺 1 分

承诺本工程获×××杯的得 1 分；一次性验收通过的得 0.5 分；否则不得分。

3. 工期 4 分

按招标要求工期完工的得 0 分，在此基础上每提前 1 天加 0.1 分，最高得分为 4 分；每推迟 1 天扣 0.2 分，扣完为止。

4. 企业资质及资信状况 5 分

（1）企业在 1999—2001 年度连续获得银行资信 AAA 级得 1 分；通过 ISO 9001：2000 认证的企业得 2 分；2000—2002 年内曾获得过全国重合同守信用的单位得 2 分；2000—2002 年内曾获得过省重合同守信用单位 1 分；2000—2002 年内曾获得过市重合同守信用单位 0.5 分；否则不得分。

(2) 本项评分以投标单位提供的认证证书、资信证书原件为准。

5. 项目经理资质及业绩5分

(1) 项目经理在2001年、2002年曾获得市级及以上标准化工地的得1分；在2001年、2002年曾获省级及以上“优秀项目经理”称号的得1分，曾获市级“优秀项目经理”称号的得0.5分（以政府部门出具证书原件为准）；否则不得分。

(2) 项目经理在2001年、2002年承担过单体工程20层及以上的得1分；单体工程建筑面积3万$m^2$及以上的得1分；单体工程地下室5000$m^2$及以上的得1分（以项目经理手册、政府有关部门出具证明为准）；否则不得分。

6. 不良记录

施工企业2001—2003年在×××市范围内有建工局书面通报批评的不良记录的、有低于成本价竞标行为的及本年度有重大安全事故的每次扣1分，资信分扣完为止。

（二）技术分25分

1. 各投标单位应按以下内容认真、完整地编制施工组织设计。

(1) 施工现，场平面布置（2分）。审核施工平面布置临时设备及临时用地计划是否科学、经济、合理。

(2) 施工进度网络计划（3分）。审查进度计划是否满足所报工期要求，是否科学合理。

(3) 质量保证措施（3分）。审查质量保证措施，包括质量管理人员的配备、质量检验仪器的配置和质量管理制度。

(4) 科学合理的工期保证措施（3分）。审查工期保证措施是否科学合理。

(5) 新工艺、新技术的采用（2分）。审查新工艺、新技术的采用是否科学合理。

(6) 文明及安全施工措施（2分）。审查文明安全施工措施是否科学合理。

(7) 劳动力、主要材料及机械配备计划（2分）。审查计划是否科学合理。

(8) 施工技术方案（3分）。审查施工技术方案是否科学、先进、合理。

(9) 项目部管理机构及人员配备（3分）。审查其机构设置的科学性、合理性、有效性及配备人员的素质（职称、学历、工作经验等）。

(10) 总承包商与分承包商的管理、协调措施（2分）。审查管理、协调措施是否科学、先进、合理。

2. 各评委成员按表2.9参考分值评分，除了差或缺项扣分外（被认为差或缺项的技术标，必须经2/3及以上评委确认，并以书面形式明确理由），一般得分为20～25分，无固定进制。

表2.9　　技术标评审参考分值

| 评分内容 | 好 | 基本分 | 缺项 |
|---|---|---|---|
| 施工现场平面布置 | 2 | 1.5 | 0 |
| 施工进度计划及网络计划 | 3 | 2.5 | 0 |
| 质量保证措施 | 3 | 2.5 | 0 |
| 工期保证措施 | 3 | 2.5 | 0 |

续表

| 评　分　内　容 | 好 | 基本分 | 缺项 |
| --- | --- | --- | --- |
| 新工艺、新技术的采用 | 2 | 1.5 | 0 |
| 文明安全施工措施 | 2 | 1.5 | 0 |
| 劳动力、主要物资及机械设备 | 2 | 1.5 | 0 |
| 施工技术方案 | 3 | 2.5 | 0 |
| 项目部管理机构及人员配备 | 3 | 2.5 | 0 |
| 总承包商与分承包商的管理、协调措施 | 2 | 1.5 | 0 |
| 小　计 | 25 | 20 | 0 |

3. 对各评委成员的评分，去掉一个最高分和一个最低分，取算术平均值后，即为投标单位的技术标得分。

六、确定中标单位

评标小组按得分高低排序，以综合得分最高者为中标单位，如综合得分相同，则以总报价低者为中标单位，如总报价也相同，则由招标单位自行决定中标单位。

# 学习情景3 施 工 项 目 投 标

## 3.1 学 习 目 的

### 3.1.1 知识目标

1. 了解投标活动的一般程序。
2. 掌握投标文件的组成。
3. 熟悉技术标编制要求。
4. 熟悉投标报价的费用组成。
5. 熟悉影响投标决策的因素，掌握不平衡报价的意义和做法。

### 3.1.2 技能目标

1. 学会依据招标程序推出投标程序，理解投标组织相对稳定的意义。
2. 学会收集资料，并利用相关课程的知识、投标的策略、报价的技巧确定基本价格。
3. 学会利用相关知识编制技术标、商务标、资信。
4. 学会利用不平衡报价法和其他投标报价技巧将投标估价转化为投标报价。

### 3.1.3 情感目标

1. 学会利用各种有效的方法分析。
2. 教会学生解决问题的方法，养成始终如一的习惯。
3. 使学生尊重科学、崇尚实践。

## 3.2 学 习 任 务

投标活动的程序、投标文件的组成、技术标的编制要求、投标报价的组成费用、影响投标决策的内部和外部因素、投标报价技巧等。

## 3.3 任 务 分 析

了解投标活动的一般程序，掌握投标文件的组成，熟悉技术标的编制要求，熟悉投标报价的费用组成，熟悉影响投标决策的因素，掌握不平衡报价的意义和做法。

## 3.4 任 务 实 施

### 3.4.1 施工项目投标概述

1. 投标的概念

投标，即承包商作为卖方，根据建设单位的招标条件，提出完成发包业务的方法、措施和报价，争取得到项目承包权的活动。招标与投标是一个有机整体，招标是建设单位在招标投标活动中的工作内容；投标则是承包商在招标投标活动中的工作内容。

2. 投标的组织

投标过程竞争十分激烈，需要有专门的机构和人员对投标全过程加以组织与管理，以提高工作效率和中标的可能性。建立一个强有力的、相对稳定的且由内行组成的投标班子是投标获得成功的根本保证。

不同的工程项目，由于其规模、性质等不同，建设单位在择优时可能各有侧重，但一般来说建设单位主要考虑如下方面：较低的报价、优良的质量和较短的工期，因而在确定投标班子人选及制订投标方案时必须充分考虑。

投标班子应由三类人才组成：

（1）经营管理类人才。指专门从事工程业务承揽工作的公司经营部门管理人员和拟定的项目经理。经营部人员应具备一定的法律知识，掌握大量的调查和统计资料，具备分析和预测等科学手段，有较强的社会活动与公共关系能力，而项目经理应熟悉项目运行的内在规律，具有丰富的实践经验和大量的市场信息。这类人才在投标班子中起核心作用，制定和贯彻经营方针与规划，负责工作的全面筹划和安排。

（2）专业技术人才。主要指工程施工中的各类技术人才，诸如土木工程师、水暖电工程师、专业设备工程师等各类专业技术人员。他们具有较高的学历和技术职称，掌握本学科最新的专业知识，具备较强的实际操作能力，在投标时能从本公司的实际技术水平出发，确定各项工程实施方案。

（3）商务金融类人才。指从事预算、财务和商务等方面人才。他们具有概预算、材料设备采购、财务会计、金融、保险和税务等方面的专业知识。投标报价主要由这类人才进行具体编制。

另外，在参加涉外工程投标时，还应配备懂得专业和合同管理的翻译人员。

3. 投标的程序

投标活动的一般程序如下。

（1）成立投标组织。

（2）投标初步决策。

（3）参加资格预审，并购买标书。

（4）参加现场踏勘和招标预备会。

（5）进行技术环境和市场环境调查。

（6）编制施工组织设计。

（7）编制并审核施工图预算。

（8）投标最终决策。

（9）标书成稿。

（10）标书装订和封包。

（11）递交标书参加开标会议。

（12）接到中标通知书后，与建设单位签订合同。

### 3.4.2 投标文件编制

**3.4.2.1** 投标文件的组成

建设工程投标文件，是建设工程投标人单方面阐述自己来响应招标文件要求，旨在向招标人提出愿意订立合同的意愿，是投标人确定和解释有关投标事项的各种书面表达形式的统称。从合同订立过程来分析，建设工程投标文件在性质上属于一种邀约，其目的在于向招标人提出订立合同的意愿。

建设工程投标文件是由一系列有关投标方面的书面资料组成的。一般来说，投标文件由以下几个部分组成：

(1) 投标书。投标书主要内容为：投标报价、质量、工期目标、履约保证金数额等。

(2) 投标书附录。投标书附录内容为投标人对开工日期、履约保证金、违约金以及对招标文件规定的其他要求的具体承诺。

(3) 投标保证金。投标保证金的形式有：现金、支票、汇票和银行保函，但具体采用何种形式应根据招标文件规定。另外，投标保证金被视作投标文件的组成部分，未及时交纳投标保证金，该投标将被作为废标而遭拒绝。

(4) 法定代表人资格证明书。

(5) 授权委托书。

(6) 具有标价的工程量清单与报价表。当招标文件要求投标书需附报价计算书时，应附上报价计算书。

(7) 辅助资料表。常见的有：企业资信证明资料、企业业绩证明资料、项目经理简历及证明资料、项目部管理人员表及证明资料、施工机械设备表、劳动力计划表和临时设施计划表等。

(8) 资格审查表（资格预审的不采用）。

(9) 对招标文件中的合同协议条款内容的确认和响应。该部分内容往往并入投标书或投标书附录。

(10) 施工组织设计。内容一般包括：施工部署，施工方案，总进度计划，资源计划，施工总平面图，季节性施工措施，质量、进度保证措施，安全施工、文明施工、环境保护措施等。

(11) 按招标文件规定提交的其他资料。

上述第 (1) 至第 (6) 项及第 (9) 项内容组成商务标，第 (10) 项为技术标的主要内容，第 (7)、第 (8) 项内容组成资信标或并入商务标、技术标。具体根据招标文件规定。

投标人必须使用招标文件提供的投标文件表格格式，但表格可以按同样格式扩展。招标文件中拟定的供投标人投标时填写的一套投标文件格式，主要有投标书及投标书附录、工程量清单与报价表、辅助资料表等。

**投标书的一般格式**

**投　标　书**

××××（招标单位名称）：

1. 根据已收到的××××银行办公大楼工程的招标文件，经我方考察现场和研究上述工程的招标文件后我方愿以：

①招标文件8.1.1条内容以总报价（大写）：________元整；

②招标文件8.1.2条内容以总包管理费率________%；

承包上述工程的施工、竣工和保修。

2. 一旦我方中标，我方保证________天（日历天）内竣工并移交整个工程。

3. 一旦我方中标，我方保证工程质量达到________标准。

4. 如我方中标，我方将按照规定提交履约保证金，金额为合同总价的________%。

5. 我方同意所递交的投标文件在“投标须知”规定的投标有效期内有效，在此期间我方的投标如果中标，我方将受此约束。

6. 除非另外达成协议并生效，你方的中标通知书和本投标文件将构成约束我们双方的合同。

投标单位：（盖章）

单位地址：

法定代表人：（签字、盖章）

邮政编码：

电　　话：　　　　传　　真：

开户银行名称：　　　　银行账号：

开户银行地址：　　　　电　　话：

日期：　　年　月　日

## 投标书附录的一般格式

## 投标书附录

| 序号 | 项目内容 | 投标承诺 |
|---|---|---|
| 1 | 履约保证金 | |
| 2 | 报告开工时间 | |
| 3 | 工期提前奖励标准 | |
| 4 | 投标承诺工期延误赔偿标准 | |
| 5 | 投标承诺工期延误赔偿限额 | |
| 6 | 质量未达到投标承诺违约金 | |
| 7 | 未履行项目经理到位率≥90%承诺违约金 | |

续表

| 序号 | 项　目　内　容 | 投标承诺 |
| --- | --- | --- |
| 8 | 未履行主要施工管理人员满足施工管理需要且未及时执行要求更换或增加施工管理人员的监理函件承诺违约金 | |
| 9 | 未履行按投标文件配备施工所需的主要机械设备到场承诺违约金 | |
| 10 | 未履行不发生重大质量安全事故承诺违约金 | |
| 11 | 未履行认真及时执行监理指令承诺违约金 | |
| 12 | 未履行创××区及以上等级文明施工标准化工地承诺违约金 | |
| 13 | 文明施工增加费 | |
| 14 | 提前竣工增加费 | |
| 15 | 优良工程增加费 | |
| 16 | 工程保修金 | |
| 17 | 除桩基工程、空调系统、电话、智能化弱电、消防工程、玻璃幕墙、二次装饰外的分包工程不计取总包管理费 | |
| 18 | 是否同意招标文件其他内容 | |
| 19 | 是否同意合同协议条款 | |

注：1. 本表须对应前附表二提供的内容在“投标承诺”列中填报，对于前附表二中有具体数额标准的栏目或“是否同意招标文件其他条款及合同协议条款”栏目，投标单位必须作出相应承诺意见。

2. 对应前附表二，在要求填报的每一栏目必须填报，否则视作实质上不响应招标文件要求，不予评审。

投标单位：（盖章）　　　　　　　　　　　　法定代表人：（签字、盖章）

日期：　　年　月　日

## 法定代表人资格证明书的一般格式

## 法定代表人资格证明书

________（姓名），身份证号：____________性别：________，年龄：________，职务：________系____________（单位名称）法定代表人，具有签署____________（招标项目名称）的投标文件、合同和处理一切与之有关的事务的合法资格。

附：法定代表人签名和印模

投标人：（盖章）

年　月　日

## 授权委托书的一般格式

## 授权委托书

本授权委托书声明：我________（姓名），身份证号：____________，职务：____________系____________（单位名称）的法定代表人，现授权委托

________________（单位名称）的________（姓名）身份证号：____________为我公司的代理人，以本公司的名义参加____________（招标项目名称）的投标活动。代理人在开标、评标和合同谈判过程中所签署的一切文件和处理与之有关的一切事务，我均予以承认。

代理人无权转委托。

附：代理人签名和印模

投标人：（盖章）

授权人：（签字、盖章）

年　月　日

**3.4.2.2**　投标文件的编制要求

1. 投标文件编制的一般要求

投标文件编制的一般要求如下。

（1）投标人编制投标文件时必须使用招标文件提供的投标文件表格格式，但表格可以按同样格式扩展。投标保证金、履约保证金的方式，按招标文件有关条款的规定可以选择。投标人根据招标文件的要求和条件填写投标文件的空格时，凡要求填写的空格都必须填写，不得空着不填，否则即被视为放弃意见。实质性的项目或数字，如工期、质量等级、价格等未填写的，将被作为无效或作废的投标文件处理。将投标文件按规定的日期送交招标人，等待开标、决标。

（2）应当编制的投标文件“正本”仅一份，“副本”则按招标文件前附表所述的份数提供，同时要在标书封面标明“投标文件正本”和“投标文件副本”字样。投标文件正本和副本如有不一致之处，以正本为准。

（3）投标文件正本和副本均应使用不能擦去的墨水打印或书写，各种投标文件的填写都要字迹清晰、端正，补充设计图纸要整洁、美观。

（4）所有投标文件均由投标人的法定代表人签署、加盖印鉴，并加盖法人单位公章。

（5）填报投标文件应反复校核，保证分项和汇总计算均无错误。全套投标文件均应无涂改和行间插字，除非这些删改是根据招标人的要求进行的，或者是投标人造成的必须修改的错误。修改处应由投标文件签字人签字证明并加盖印鉴。

（6）如招标文件规定投标保证金为合同总价的某一百分比时，开投标保函不要太早，以防泄漏自己报价。但有的投标者提前开出并故意加大保函金额，以麻痹竞争对手的情况也是存在的。

（7）投标人应将投标文件的技术标和商务标分别密封在内层包封，再密封在一个外层包封中，并在内封上标明“技术标”和“商务标”。标书包封的封口处都必须加贴封条，封条贴缝应全部加盖密封章或法人章。内层和外层包封都应由投标人的法定代表人签署、加盖印鉴，并加盖法人单位公章。内层和外层包封都应写明投标人名称和地址、工程名称、招标编号，并注明开标时间以前不得开封。在内层和外层包封上还应写明投标人的名称与地址、邮政编码，以便投标出现逾期送达时能原封退回。如果内外层包封没有按上述规定密封并加写标志，投标文件将被拒绝，并退还给投标人。投标文件应按时递交至招标文件前附表所述的单位和地址。

（8）投标文件的打印应力求整洁、悦目，避免评标专家产生反感。投标文件的装订也要力求精美，使评标专家从侧面产生对投标企业实力的认可。

2. 技术标编制的要求

技术标与施工组织设计虽然在内容上是一致的，但在编制要求上却有一定差别。施工组织设计的编制一般注重管理人员和操作人员对规定和要求的理解和掌握。而技术标则要求能让评标委员会的专家们在较短的时间内，发现标书的价值和独到之处，从而给予较高的评价。因此，技术标编制应注意以下问题。

（1）针对性。在评标过程中，我们常常发现为了使标书比较“上规模”，以体现投标人的水平，投标人往往把技术标做得很厚。而其中的内容往往都是对规范标准的成篇引用，或对其他项目标书的成篇抄袭，因而使标书毫无针对性。该有的内容没有，无需有的内容却充斥标书。这样的标书常常引起评标专家的反感，因而导致技术标严重失分。

（2）全面性。如前面评标办法介绍的，对技术标的评分标准一般都分为许多项目，这些项目都分别被赋予一定的评分分值。这就意味着，这些项目不能发生缺项，一旦发生缺项，该项目就可能被评为零分，这样中标概率将会大大降低。

另外，对一般项目而言，评标的时间往往有限，评标专家没有时间对技术标进行深入的分析。因此，只要有关内容齐全，且无明显的低级错误或理论上的错误，技术标一般不会扣很多分。所以，对一般工程来说，技术标内容的全面比内容的深入细致更重要。

（3）先进性。技术标得分要高，一般来说也不容易。没有技术亮点，没有特别吸引招标人的技术方案，是不大可能得高分的。因此，标书编制时，投标人应仔细分析招标人的热衷点，在这些点上采用先进的技术、设备、材料或工艺，使标书对招标人和评标专家产生更强的吸引力。

（4）可行性。技术标的内容最终都是要付诸实施的，因此，技术标应有较强的可行性。为了凸显技术标的先进性，盲目提出不切实际的施工方案、设备计划，都会给今后的具体实施带来困难，甚至导致建设单位或监理工程师提出违约指控。

（5）经济性。投标人参加投标，承揽业务的最终目的都是为了获取最大的经济利益，而施工方案的经济性，直接关系到投标人的效益，因此必须十分慎重。另外，施工方案也是投标报价的一个重要影响因素，经济合理的施工方案，能降低投标报价，使报价更具竞争力。

3. 投标文件的递交

投标人应在招标文件前附表规定的日期内将投标文件递交给招标人。当招标人按招标文件中投标须知规定，延长递交投标文件的截止日期时，投标人要仔细记住新的截止时间，避免因标书的逾期送达而导致废标。

投标人可以在递交投标文件以后，在规定的投标截止时间之前，采用书面形式向招标人递交补充、修改或撤回其投标文件的通知。在投标截止日期以后，不能更改投标文件。

投标人的补充、修改或撤回通知，应按招标文件中投标须知的规定编制、密封、签章、标识和递交，并在包封上标明“补充”“修改”或“撤回”字样。补充、修改的内容为投标文件的组成部分。根据投标须知的规定，在投标截止时间与招标文件中规定的投标有效期终止日之间的这段时间内，投标人不能再撤回投标文件，否则其投标保证金将不予退还。

投标人递交投标文件不宜太早，一般在招标文件规定的截止日期前一两天内密封送交指定地点比较好。

### 3.4.3 投标报价

#### 3.4.3.1 投标估价及其依据

投标报价前，投标人首先应根据有关法规、取费标准、市场价格、施工方案等，并考虑到上级企业管理费、风险费用、预计利润和税金等所确定的承揽该项工程的企业水平的价格，进行投标估价。投标估价是承包商生产力水平的真实体现，是确定最终报价的基础。

投标估价的主要依据如下。

（1）招标文件，包括招标答疑文件。

（2）建设工程工程量清单计价规范、预算定额、费用定额以及地方的有关工程造价文件，有条件的企业应尽量采用企业施工定额。

（3）劳动力、材料价格信息，包括由地方造价管理部门发布的造价信息资料。

（4）地质报告、施工图，包括施工图指明的标准图。

（5）施工规范、标准。

（6）施工方案和施工进度计划。

（7）现场踏勘和环境调查所获得的信息。

（8）当采用工程量清单招标时应包括工程量清单。

#### 3.4.3.2 投标报价的程序

承包工程有总价合同、单价合同、成本加酬金合同等合同形式，不同的合同形式的计算报价是有差别的。报价计算主要步骤如下。

1. 研究招标文件

招标文件是投标的主要依据，承包商在计算标价之前和整个投标报价期间，均应组织参加编制商务标的人员认真细致地阅读招标文件，仔细分析研究，弄清招标文件的要求和报价内容。一般主要应弄清报价范围、取费标准、采用定额、工料机定价方法、技术要求、特殊材料和设备、有效报价区间等。同时，在招标文件研究过程中要注意发现互相矛盾和表述不清的问题等。对这些问题，应及时通过招标预备会或采用书面提问形式，请招标人给予解答。

在投标实践中，报价发生较大偏差甚至造成废标的原因，常见的有两个。其一是造价估算误差太大，其二是没弄清招标文件中有关报价的规定。因此，标书编制以前，全体与投标报价有关的人员都必须反复认真研读招标文件。

2. 现场调查

现场条件是投标人投标报价的重要依据之一。现场调查不全面不细致，很容易造成与现场条件有关的工作内容遗漏或者工程量计算错误。由这种错误所导致的损失，一般是无法在合同的履行中得到补偿的。现场调查一般主要包括如下方面。

(1) 自然地理条件。包括施工现场的地理位置，地形、地貌，用地范围，气象、水文情况，地质情况，地震及设防烈度，洪水、台风及其他自然灾害情况等。

这些条件有的直接涉及风险费用的估算，有的则涉及施工方案的选择，从而涉及工程直接费的估算。

(2) 市场情况。包括建筑材料和设备、施工机械设备、燃料、动力和生活用品的供应状况、价格水平与变动趋势，劳务市场状况，银行利率和外汇汇率等情况。

对于不同建设地点，由于地理环境和交通条件的差异，价格变化会很大。因此，要准确估算工程造价就必须对这些情况进行详细调查。

(3) 施工条件。包括临时设施、生活用地位置和大小，供排水、供电、进场道路、通信设施现状，引接供排水线路、电源、通信线路和道路的条件和距离，附近现有建（构）筑物、地下和空中管线情况，环境对施工的限制等。

这些条件，有的直接关系到临时设施费支出的多少，有的则或因与施工工期有关，或因与施工方案有关，或因涉及技术措施费，从而直接或间接影响工程造价。

(4) 其他条件。包括交通运输条件、工地现场附近的治安情况等。

交通条件直接关系到材料和设备的到场价格，对工程造价影响十分显著。治安状况则关系到材料的非生产性损耗，因而也会影响工程成本。

3. 编制施工组织设计

施工组织设计包括进度计划和施工方案等内容，是技术标的主要组成部分。

施工组织设计的水平反映了承包商的技术实力，是决定承包商能否中标的主要因素。而且施工进度安排合理与否，施工方案选择是否恰当，都与工程成本、报价有密切关系。一个好的施工组织设计可大大降低标价。因此，在估算工程造价之前，工程技术人员应认真编制好施工组织设计，为准确估算工程造价提供依据。

4. 计算或复核工程量

要确定工程造价，首先要根据施工图和施工组织设计计算工程量，并列出工程量表。而当采用工程量清单招标时，需要对工程量清单中的数量进行复核。

工程量的大小是影响投标报价的最直接因素。为确保复核工程量准确，在计算中应注意以下几个方面。

(1) 正确进行项目划分，做到与当地定额或单位估价表项目一致。

(2) 按一定顺序进行，避免漏算或重算。

(3) 以施工图为依据。

(4) 结合已定的施工方案或施工方法。

(5) 进行认真复核与检查。

5. 确定人工、材料、机械使用单价

工、料、机的单价应通过市场调查或参考当地造价管理部门发布的造价信息确定。而工、料、机的用量尽量根据企业定额确定，无企业定额时，可依据国家或地方颁布的预算定额确定。

6. 计算工程直接费

根据分项工程中工、料、机等生产要素的需用量和单价，计算分项工程的直接成本的单价和合价，而后计算出其他直接费、现场经费，最后计算出整个工程的直接工程费。

7. 计算间接费

根据当地的费用定额或企业的实际情况，以直接工程费为基础，计算出工程间接费。

8. 估算其他费用

其他费用包括企业管理费、预计利润、税金及风险费用。

9. 计算工程总估价

综合工程直接费、间接费、上级企业管理费、风险费用、预计利润和税金形成工程总估价。

10. 审核工程估价

在确定最终的投标报价前，还需进行报价的宏观审核。宏观审核的目的在于通过变换角度的方式对报价进行审查，以提高报价的准确性，提高竞争能力。

宏观审核通常所采取的观察角度主要有以下方面。

（1）单位工程造价。将投标报价折合成单位工程造价，例如房屋工程按平方米造价，铁路、公路按公里造价，铁路桥梁、隧道按每延米造价，公路桥梁按桥面单位面积（桥面面积）造价，水电站按单位装机容量造价等，并将该项目的单位工程造价与类似工程的单位工程造价进行比较，以判定报价水平的高低。

（2）全员劳动生产率。所谓全员劳动生产率是指全体人员每工日的生产价值。一定时期内，企业一定的生产力水平决定了全员劳动生产率水平相对稳定。因而企业在承揽同类工程或机械化水平相近的项目时应具有相近的全员劳动生产率水平。因此，可以此为尺度，将投标工程造价与类似工程造价进行比较，从而判断造价的正确性。

（3）单位工程消耗指标。各类建筑工程每平方米建筑面积所需的劳动力和各种材料的数量均有一个合理的指标。因而将投标项目的单位工程用工、用料水平与经验指标相比，也能判断其造价是否处于合理的水平。

（4）分项工程造价比例。一个单位工程是由很多分项工程构成的，它们在工程造价中都有一个合理的大体比例，承包商可通过投标项目的各分项工程造价的比例与同类工程的统计数据相比较，从而判断造价估算的准确性。

（5）各类费用的比例。任何一个工程的费用都是由人工费、材料费、施工机械费、设备费、间接费等各类费用组成的，它们之间都应有一个合理的比例。将投标工程造价中的各类费用比例与同类工程的统计数据进行比较，也能判断估算造价的正确性和合理性。

（6）预测成本比较。若承包商曾对企业在同一地区的同类工程报价进行积累和统计，则还可以采用线性规划、概率统计等预测方法进行计算，计算出投标项目造价的预测值。将造价估算值与预测值进行比较，也是衡量造价估算正确性和合理性的一种有效方法。

（7）扩大系数估算法。根据企业以往的施工实际成本统计资料，采用扩大系数估算投标工程的造价，是在掌握工程实施经验和资料的基础上的一种估价方法。其结果比较接近实际，尤其是在采用其他宏观指标对工程报价难以校准的情况下，本方法更具优势。扩大系数估算法，属宏观审核工程报价的一种手段。不能以此代替详细的报价资料，报价时仍应按招标文件的要求详细计算。

(8) 企业内部定额估价法。根据企业的施工经验，确定企业在不同类型的工程项目施工中的工、料、机等的消耗水平，形成企业内部定额，并以此为基础计算工程估价。此方法不但是核查报价准确性的重要手段，也是企业内部承包管理、提高经营管理水平的重要方法。

综合运用上述方法与指标，就可以减少报价中的失误，不断提高报价水平。

11. 确定报价策略和投标技巧

根据投标目标、项目特点、竞争形势等，在采用前述的报价决策的基础上，具体确定报价策略和投标技巧。

12. 最终确定投标报价

根据已确定的报价策略和投标技巧对估算造价进行调整，最终确定投标报价。

**3.4.3.3** 投标报价的组成

1. 计价方法

投标报价的编制方法有：单价法、指标法、百分率法。

(1) 单价法：合价(三级或四级项目)=工程量×工程单价，然后逐项累计即可。

(2) 指标法：合价=综合工程量×单位指标

(3) 百分率法：某部分费用=计费基础×百分率

2. 投标报价的组成

(1) 建筑安装工程费包括直接工程费、间接费、企业利润、税金。

1) 直接工程费是指建筑安装工程施工过程中直接消耗在工程项目上的活劳动和物化劳动。由直接费、其他直接费、现场经费组成。

a. 直接费。直接费是指建筑安装工程施工过程中直接耗费的用于构成工程实体和有助于工程形成的各项费用。包括人工费、材料费、施工机械使用费。

(a) 人工费。人工费是指直接从事建筑安装工程施工的生产工人开支的各项费用，包括基本工资、辅助工资和工资附加费。

人工费=∑定额人工工时量×人工预算单价

(b) 材料费。材料费指用于建筑安装工程项目上的消耗性材料费、装置性材料费和周转性材料的摊销费。

材料费=∑定额材料用量×材料预算价格

(c) 施工机械使用费。施工机械使用费是指消耗在建筑安装工程项目上的机械磨损、维修和燃料动力费用等。

施工机械使用费=∑定额台时数×台时费

施工机械台时费应根据《水利工程施工机械台时费定额》计算。

直接费=人工费+材料费+施工机械使用费

b. 其他直接费。其他直接费包括冬雨季施工增加费、夜间施工增加费、特殊地区施工增加费和其他增加费。

(a) 冬雨季施工增加费。

冬雨季施工增加费=直接费×百分率

百分率取值：西南、中南、华东地区取0.5%～1.0%，华北地区取1.0%～2.5%，西北、东北地区取2.5%～4.0%。

(b) 夜间施工增加费。

夜间施工增加费=直接费×百分率

百分率取值：建筑工程为0.5%，安装工程为0.7%。

(c) 特殊地区施工增加费。特殊地区施工增加费是指在高海拔和原始森林等特殊地区施工而增加的费用。其中高海拔地区的高程增加费，按规定直接计入定额；其他特殊增加费，应按工程所在地区规定的标准计算，地方没有规定的不得计算此项费用。

(d) 其他费用。

其他费用=直接费×百分率

百分率取值：建筑工程为1.0%，安装工程为1.5%。

所以，其他直接费计算公式为

其他直接费=直接费×其他直接费率

c. 现场经费。

现场经费=直接费(或人工费)×现场经费费率

综上所述，直接工程费计算公式为

直接工程费=直接费+其他直接费+现场经费

2) 间接费。间接费是指施工企业为建筑安装工程施工而进行组织与经营管理所发生的各项费用。由企业管理费、财务费用和其他费用组成。

间接费=计算基础×间接费率

3) 企业利润。

企业利润=(直接工程费+间接费)×利润率

利润率不分建筑和安装工程，均按7%计。

4) 税金。税金是指国家对施工企业承担建筑、安装工程作业收入所征收的营业税、城市维护建设税和教育费附加税。

在编制概（估）算投资时，用下列公式和税率计算：

税金=(直接工程费+间接费+企业利润)×税率

式中税率标准为：建设项目在市、县的税率为3.41%，建设项目在乡、镇的税率为3.35%，建设项目在市、县、乡之外的税率为3.22%。

(2) 设备费。设备费包括设备原价、运杂费、运输保险费和采购及保管费。

1) 设备原价。国产设备原价为出厂价；进口设备原价以到岸价和进口征收的税金、手续费、商检费及港口费等各项费用之和为原价。

2) 运杂费。设备运杂费分主要设备运杂费和其他设备运杂费，均按占设备原价的百分率计算，即：运杂费=设备原价×运杂费率

3) 运输保险费。

运输保险费=设备原价×运输保险费率

4) 采购及保管费。

采购及保管费=(设备原价+运杂费)×采购及保管费率

按现行规定，设备采购及保管费率取0.7%。

所以，设备费计算公式为

设备费＝设备原价＋运杂费＋运输保险费＋采购及保管费

### 3.4.4 投标决策

#### 3.4.4.1 投标决策的原则

投标决策，是指承包商为实现其一定利益目标，针对招标项目的实际情况，对投标可行性和具体策略进行论证和抉择的活动。

投标决策十分复杂，为保证投标决策的科学性，必须遵守一定的原则。

(1) 目标性。投标是为了实现投标人的某种目的，因此投标前投标人应首先明确投标目标，如：获取盈利、占领市场、创造信誉等，只有这样投标才能有的放矢。

(2) 系统化。决策中应从系统的角度出发，采用系统分析的方法，以实现整体目标最优化。

建设单位所追求的投资目标，不光是质量、进度或费用之中的某一方面的最优化，而是由这三者的组合而成的整体目标的最优化。因此，决策时投标人应根据建设单位的具体情况，采用系统分析的方法，综合平衡三者关系，以便实现整体目标的最优化。

同时，投标人所追求的目标往往也不是单一的，在追求利润最大化的同时，他们往往还有追求信誉、抢占市场等目的。对于这些目标也要采用系统的方法进行分析、平衡，以便实现企业的整体目标最优化。

(3) 信息化。决策应在充分占有信息的基础上进行，只有最大限度地掌握了诸如项目特点、材料价格、人工费水平、建设单位信誉、可能参与竞争的对手情况等信息，才能保证决策的科学性。

(4) 预见性。预测是从历史和现状出发，运用科学的方法，通过对已拥有的信息的分析，推断事物发展趋向的活动。投标决策的正确性取决于对投标竞争环境和未来的市场环境预测的正确性。因此预测是决策的基础和前提，没有科学的预测就没有科学的决策。在投标决策中，必须首先对未来的市场状况及各影响要素的可能变化作出推测，这是进行科学的投标决策所必需的。

(5) 针对性。要取得投标胜利，投标人不但要保证报价符合建设单位目标，而且还要保证竞争的策略有较强的针对性。一味地压价，并不能保证一定中标，往往会因为没有扬长避短而被对手击败。同时，技术标的针对性也是取得投标胜利所必需的。

#### 3.4.4.2 投标决策的影响因素

影响投标决策的因素很多，但归纳起来主要有两个方面，即投标人的企业内部因素和企业外部因素。

1. 影响投标决策的内部因素

影响投标决策的企业内部因素主要包括如下方面：

(1) 技术实力。包括：是否有精通本行业的估价师、工程师、会计师和管理专家组成的组织机构；是否有工程项目施工专业特长，能解决技术难度大的问题和各类工程施工中的技术难题的能力；是否具有同类工程的施工经验；是否有一定技术实力的合作伙伴，如实力强大的分包商、合营伙伴和代理人等。

技术实力不但决定了承包商能承揽的工程的技术难度和规模，而且是实现较低的价格、较短的工期、优良的工程质量的保证，直接关系到承包商在投标中的竞争能力。

（2）经济实力。包括：是否具有较为充裕的流动资金；是否具有一定数量的固定资产和机具设备；是否具有一定的办公、仓储、加工场所；承揽涉外工程时，须筹集承包工程所需的外汇；是否具有支付各种保证金的能力；是否有承担不可抗力带来风险的财力。经济实力决定了承包商承揽工程规模的大小，因此在投标决策时应充分考虑这一因素。

（3）管理实力。具有高素质的项目管理人员，特别是懂技术、会经营、善管理的管理人员是项目经理理想的人选。管理实力决定着承包商承揽的项目的复杂性，也决定着承包商是否能够根据合同的要求，高效率地完成项目管理的各项目标，通过项目管理活动为企业创造较好的经济效益和社会效益，因此在投标决策时不能疏忽这一因素。

（4）信誉实力。承包商的信誉是其无形的资产，这是企业竞争力的一项重要内容。企业的履约情况、获奖情况、资信情况和经营作风都是建设单位选择承包商的条件。因此投标决策时承包商应正确评价自身的信誉实力。

2. 影响投标决策的企业外部因素

（1）招标人情况。主要包括招标人的合法地位、支付能力和履约信誉等。招标人的支付能力差、履约信誉不好都将损害承包商的利益，因此招标人情况是投标决策时应予以充分重视的因素。

（2）竞争对手情况。包括：竞争对手的数量、实力、优势等情况。因为这些情况直接决定了竞争的激烈程度。竞争越激烈，中标概率越小，投标的费用风险越大；竞争越激烈，一般来说中标价就越低，对承包商的经济效益影响越大。因此，竞争对手情况是对投标决策影响最大的因素之一。

（3）监理工程师情况。监理工程师立场是否公正，直接关系到承包商是否能顺利实现索赔以及合同争议是否能顺利得到解决，从而关系到承包商的利益是否能得到合理的维护。因此，监理工程师的情况对投标决策也是有很大影响的。

（4）法制环境情况。对于国内工程承包，自然适用本国的法律、法规。我国的法律、法规具有统一或基本统一的特点，但投标所涉及的地方性法规在具体内容上仍有所不同。因而对外地项目的投标决策，除研究国家颁布的相关法律、法规外，还应研究地方性法规。进行国际工程承包时，则必须考虑法律适用的原则，包括：强制适用工程所在地法律的原则；意思自制原则；最密切联系原则；适用国际惯例原则；国际法效力优于国内法效力的原则。

（5）地理环境情况，其中包括项目所在地的交通环境。地质、地貌、水文、气象情况部分决定了项目实施的难度，从而会影响项目建设成本。而交通环境不但对项目实施方案有影响，而且对项目的建设成本也有一定影响。因此地理环境也是投标决策的影响因素。

（6）市场环境情况。在工程造价中劳动力、建筑材料、设备以及施工机械等直接成本要占70%以上，因此项目所在地的工、料、机的市场价格对承包商的效益影响很大，从而对投标决策的影响也必定较大。

（7）项目自身情况。项目自身特征决定了项目的建设难度，也部分决定了项目获利的丰厚程度，因此项目自身情况也是投标决策的影响因素。

#### 3.4.4.3 投标决策的内容

建设工程投标决策的内容，一般说来，主要包括三个层次：一是投标项目选择的决策，即投或不投；二是造价估算的决策，即投什么性质的标；三是投标报价的决策，即投标过程中的策略和技巧。

1. 投标项目选择的决策

建设工程投标决策的首要任务，是在获取招标信息后，对是否参加投标竞争进行分析、论证，并作出抉择。

若项目对投标人来说基本上不存在什么技术、设备、资金和其他方面问题，或虽有技术、设备、资金和其他方面问题但可预见并已有了解决办法，就属于低风险标。低风险标实际上就是不存在什么未解决或解决不了的重大问题，没有什么大的风险的标。如果企业经济实力不强，投低风险标是比较恰当的选择。

若项目对投标人来说存在技术、设备、资金或其他方面未解决的问题，承包难度比较大，就属于高风险标。投高风险标，关键是要能想出办法解决好工程中存在的问题。如果问题解决好了，可获得丰厚的利润，开拓出新的技术领域，锻炼出一支好的队伍，使企业素质和实力上一个台阶；如果问题解决得不好，企业的效益、声誉等都会受损，严重的可能会使企业出现亏损甚至破产。因此，投标人对投标进行决策时，应充分估计项目的风险度。

承包商决定是否参加投标，通常要综合考虑各方面的情况，如承包商当前的经营状况和长远目标，参加投标的目的，影响中标机会的内部、外部因素等。一般说来，有下列情形之一的招标项目，承包商不宜选择投标。

（1）工程规模超过企业资质等级的项目。

（2）超越企业业务范围和经营能力之外的项目。

（3）企业当前任务比较饱满，而招标工程是风险较大或盈利水平较低的项目。

（4）企业劳动力、机械设备和周转材料等资源不能保证的项目。

（5）竞争对手在技术、经济、信誉和社会关系等方面具有明显优势的项目。

2. 造价估算的决策

投标项目的造价估算有两大特点：一是在投标项目的造价估算中应包括一定的风险费用；二是投标项目的造价估算应具体针对特定投标人的特定施工方案和施工进度计划。

因此，在编制投标项目的造价估算时，有一个风险费用确定和施工方案选择的决策工作。

（1）风险费用估算。在工程项目造价估算编制中要特别注意风险费用的决策。

风险费用是指工程施工中难以事先预见的费用，当风险费用在实际施工中发生时，则构成工程成本的组成部分，但如果在施工中没有发生，这部分风险费用就转化为企业的利润。因此，在实际工程施工中应尽量减少风险费用的支出，力争转化为企业的利润。

由于风险费用是事先无法具体确定的费用，如果估计太大就会降低中标概率；估计太小，一旦风险发生就会减少企业利润，甚至亏损。因此，确定风险费用的多少，是一个复杂的决策，是工程项目造价估算决策的重要内容。

从大量的工程实践中统计获得的数据表明，工程施工风险主要来自于以下因素：

1）工程量计算的准确程度。工程量计算准确程度低，施工成本的风险就大。

2）单价估计的精确程度。直接成本是分项分部工程量与单价乘积的总和，单价估计不精确，风险就相应加大。

3）施工中自然环境的不可预测因素。如气候、地震和其他自然灾害，以及地质情况往往是不能完全在事前准确预见的，因此施工就存在着一定风险。

4）市场人工、材料、机械价格的波动因素。这些因素在不同的合同价格中风险虽不一样，但都存在用风险费用来补偿的问题。

5）国家宏观经济政策的调整。国家宏观经济政策的调整不是一个企业能完全估价得到的，而且这种调整一旦发生企业往往是不能抗拒的，因此投标项目的造价估算中也应考虑这部分风险。

6）其他社会风险。虽然发生概率很低，但有时也应做一定防范。

精确估计风险费用，要做大量工作。首先要识别风险，即找出对于某个特定的项目可能产生的风险有哪些，进而对这些风险发生的概率进行评估，然后制定出规避这些风险的具体措施。这些措施有的是只要加强管理就能实现的，有的则必须在事前或事后发生一定的费用。因此，要预先确定风险费用的数额必须经过详细的分析和计算。同时，风险发生的概率和规避风险的具体措施选择都必须进行认真的决策。

（2）施工方案决策。施工方案的选择不但关系到工程施工质量好坏、进度快慢，而且最终都会直接或间接地影响到工程造价。因此，施工方案的决策，不仅是纯粹的技术问题，也是造价决策的重要内容。

有的施工方案能提高工程质量，虽然成本要增加，但返工率能降低，从而减少返工损失。反之，在满足招标文件要求的前提下，选择适当的施工方案，控制质量标准不要过高，虽然有可能降低成本，但返工率也可能因此而提高，从而费用也可能增加。增加的成本多还是减少的返工损失多，这需要进行详细的分析和决策。

有的施工方案能加快工程进度，虽然需要增加抢工费，但进度加快，施工的固定成本能节约。反之，在满足招标文件要求的前提下，适当放慢进度，工人的劳动效率会提高，抢工费用也不会发生，直接费会节约，但工期延长，固定成本增加，总成本又会增加。因此增加的支出多还是节约的成本多也要进行详细的分析和决策。

（3）投标报价的决策

投标报价的决策分为宏观决策和微观决策，先应进行宏观决策，后进行微观决策。

1）报价的宏观决策。所谓投标报价的宏观决策，就是根据竞争环境，宏观上是采取报高价还是报低价的决策。

一般来说，项目有下列情形之一的，投标人可以考虑投标以追求效益为主，可报高价：①招标人对投标人特别满意，希望发包给本承包商的；②竞争对手较弱，而投标人与之相比有明显的技术、管理优势的；③投标人在建任务虽饱满，但招标项目利润丰厚，值得且能实际承受超负荷运转的。

一般来说，有下列情形之一的，投标人可以考虑投标以保本为主，可报保本价：①招标工程竞争对手较多，而投标人无明显优势的，且投标人又有一定的市场或信誉上的目的；②投标人在建任务少，无后续工程，可能出现或已经出现部分窝工的。

一般来说，有下列情形之一的，投标人可以决定承担一定额度的亏损，报亏损价：①招标项目的强劲竞争对手众多，但投标人出于发展的目的志在必得的；②投标人企业已出现大量窝工，严重亏损，急需寻求支撑的；③招标项目属于投标人的新市场领域，本承包商渴望打入的；④招标工程属于投标人垄断的领域，而其他竞争对手强烈希望插足的。

但必须注意，我国的有关建设法规都对低于成本价的恶意竞争进行了限制，因此对于国内工程来说，目前阶段是不能报亏损价的。

2）报价的微观决策。所谓报价的微观决策，就是根据报价的技巧具体确定每个分项工程是报高价还是报低价，以及报价的高低幅度。在同一工程造价估算中，单价高低一般根据以下具体情况确定：

a. 估计工程量将来增加的分项工程，单价可提高一些，否则报低一些。

b. 能先获得付款的项目（如土方、基础工程等），单价可报高一些，否则报低。

c. 对做法说明明确的分项工程，单价应报高一些。反之，图纸不明确或有错误，估计将来要修改的分项工程，单价可报低一些，一旦图纸修改可以重新定价。

d. 对没有工程量，只填报单价的项目（如土方工程中的水下挖土、挖湿土等备用单价），其单价要高一些，这样做也不影响投标总价。

e. 暂定施工内容要具体分析，将来肯定要做的单价可适当提高，如果工程分标，该施工内容可能由其他承包商施工时，则不宜报高价。

在进行上述调整时，若同时保持投标报价总量不变，则这种报价方法称为不平衡报价法。这种报价方法的意义在于，在不影响报价的竞争力的前提下，谋取更大的经济效益。但各项目价格的调整需掌握在合理的幅度内，以免引起招标人的反感，甚至被确定为废标，遭受不应有的损失。

# 学习情景4　水利水电工程监理概述

## 4.1 学　习　目　标

通过学习使学生了解我国水利水电工程监理制度已步入了规范化、法制化、科学化的道路，形成了中国特色的工程监理体制，并向国际监理水平迈进，在脑海里建立工程建设监理的概念，认识我国工程建设监理体制的新格局，掌握工程建设监理的目标、依据、任务和有关规定，对工程项目的建设程序有进一步的认识，熟悉各阶段三大控制及信息管理，为今后在工程项目施工管理和工程监理的实际岗位上，提供基本知识。

## 4.2 学　习　任　务

了解水利水电工程监理的产生背景、概念、内涵、作用、发展趋势，熟悉建设工程各阶段工作内容、相关法律法规、掌握工程建设监理的基本规定和基本方法，掌握施工各阶段进度控制、质量控制、投资控制、信息管理，会对进度控制、质量控制、投资控制、信息管理进行案例分析。

## 4.3 任　务　分　析

建设工程监理是专业化、社会化的建设单位项目管理，其基本理论和方法来自项目管理学。建设工程监理的行为主体是工程监理企业，实施前提是建设单位的委托，实施依据是法律法规、标准规范、合同和工程建设文件。建设工程监理具有服务性、科学性、独立性、公正性四大性质。我国建设工程监理具有企业资质和人员资格的市场准入双重控制。建设程序是指一项工程从立项、论证、决策、设计、施工到竣工验收交付使用的整个过程中，各项工作完成应遵守的先后次序。

建设工程目标系统由质量、投资、进度三大目标构成，三大目标间存在着对立统一的关系。建设工程项目监理目标控制原理就是动态控制原理，目标控制的基本环节是由投入、输出、反馈、对比、纠正五个环节组成。三大控制目标中任一目标实施都是在满足另外两个目标的前提下，力求本目标的工程实际符合计划目标。建设工程监理目标控制的措施有组织措施、技术措施、经济措施和合同措施。

## 4.4 任　务　实　施

### 4.4.1　概述

#### 4.4.1.1　水利水电工程监理产生的背景

从1949年至20世纪80年代，我国固定资产投资基本上是由国家统一安排计划，由国家统一财政拨款。一般建设工程，由建设单位自己组成筹建机构，自行管理；重大建设工程，从相关单位抽调人员组成工程建设指挥部，由其进行管理。投资“三超”、工期延长的现象较为普遍。20世纪80年代我国进入了改革开放的新时期，国务院决定在基本建设和建筑业领域采取一些重大的改革措施，例如，投资有偿使用（即“拨改贷”）、投资包干责任制、投资主体多元化、工程招标投标制等。原建设部于1988年发布了《关于开展建设监理工作的通知》，明确提出要建立建设监理制度。建设工程监理制于1988年开始试点，5年后逐步推开，1997年《中华人民共和国建筑法》以法律制度的形式作出规定，国家推行建设工程监理制度，从而使建设工程监理在全国范围内进入全面推行阶段。

**4.4.1.2** 水利水电工程监理的概念及内涵

1. 概念

建设工程监理是指具有相应资质的工程监理企业，接受建设单位的委托，承担其项目管理工作，并代表建设单位对承建单位的建设行为进行监督管理的专业化服务活动（图4.1）。

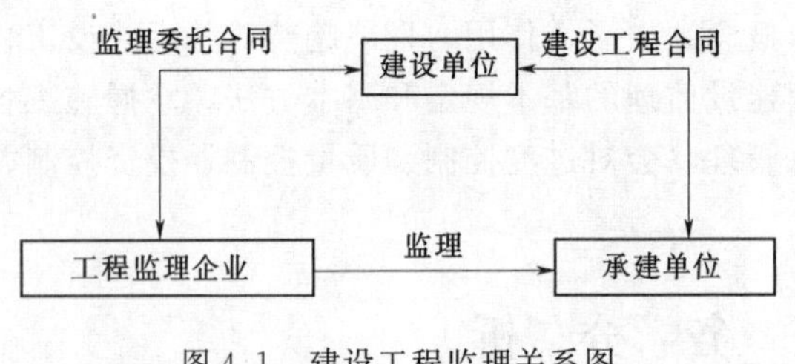


图4.1 建设工程监理关系图

2. 内涵

（1）建设工程监理的行为主体。按照《中华人民共和国建筑法》规定，实行监理的建筑工程，由建设单位委托具有相应资质条件的工程监理单位监理。建设工程监理的行为主体是工程监理企业，这是我国建设工程监理制度的一项重要规定。

（2）建设工程监理实施的前提。建设工程监理的实施需要建设单位的委托和授权。工程监理企业应根据委托监理合同和有关建设工程合同的规定实施监理。建设工程监理只有在建设单位委托的情况下，与建设单位签订书面委托监理合同，明确了监理的范围、内容、权利、义务、责任等，工程监理企业才能在规定的范围内行使管理权，合法地开展建设工程监理。

（3）建设工程监理的依据。建设工程监理是具有明确依据的监督管理活动，其依据主要包括建设工程文件、有关的法律法规和标准规范、建设工程委托监理合同和相关的建设工程合同。

（4）建设工程监理的范围。建设工程监理的范围包括：①国家重点建设工程；②大中型公共事业工程；③成片开发建设的住宅小区工程；④利用外国政府或者国际组织贷款、援助资金的工程：包括使用世界银行、亚洲开发银行等国际组织贷款资金的项目，使用国外政府及其机构贷款资金的项目，使用国际组织或者国外政府援助资金的项目；⑤国家规定必须实行监理的其他工程。

**4.4.1.3** 建设工程监理的性质

建设工程监理是一种特殊的工程建设活动，与其他工程建设活动有着明显的区别，即工程建设监理与其他工程建设活动之间有清楚的界线。建设工程监理在我国建设领域中已成为一种独立行业，具有以下性质。

1. 服务性

在工程项目建设过程中，监理单位利用自己的工程建设方面的知识、技能和经验为客户提供高智能监督管理服务，以满足项目业主对项目管理的需要。监理单位的直接服务对象是客户，是委托方，也就是项目业主，这种服务性的活动是按工程建设监理合同来进行的，是受法律约束和保护的。

2. 独立性

从事工程建设监理活动的监理单位是直接参与工程项目建设的“三方当事人”之一，与项目业主、承建商之间的关系是平等的、横向的，在工程项目建设中，监理单位是独立的一方。

3. 科学性

我国《工程建设监理规定》指出：工程建设监理是一种高智能的技术服务，要求从事工程建设监理活动应当遵循科学的准则。按照工程建设监理科学性要求，监理单位应当有足够数量的、业务素质合格的监理工程师；要有一套科学的管理制度；要配备计算机辅助监理的软件和硬件；要掌握先进的监理理论、方法，积累足够的技术、经济资料和数据；要拥有现代化的监理手段。

4. 公正性

监理单位和监理工程师在工程建设过程中，一方面应当作为能够严格履行监理合同各项义务并竭诚地为客户服务的“服务方”，同时，应当成为“公正的第三方”，在提供监理服务的过程中，监理单位和监理工程师在双方发生利益冲突或矛盾时能够以事实为依据，以有关法律、法规和双方所签订的工程建设合同为准绳，站在第三方立场上公正地加以解决和处理。

**4.4.1.4** 建设工程监理的工作性质及工作任务

1. 建设工程监理的工作性质

(1)“监理单位是建筑市场的主体之一，建设监理是一种高智能的有偿技术服务。”(引自建设部和国家计委《工程建设监理规定》，建监〔1995〕第737号文）在国际上把这类服务归为工程咨询（工程顾问）服务。

(2)“工程监理单位不按照委托监理合同的约定履行监理义务，对应当监督检查的项目不检查或者不按照规定检查，给建设单位造成损失的，应当承担相应的赔偿责任。工程监理单位与承包单位串通，为承包单位谋取非法利益，给建设单位造成损失的，应当与承包单位承担连带赔偿责任。”(引自《中华人民共和国建筑法》)

2. 建设工程监理的工作任务

(1)“工程建设监理的主要内容是控制工程建设的投资、建设工期和工程质量；进行工程建设合同管理，协调有关单位间的工作关系。”(引自建设部和国家计委《工程建设监理规定》，建监〔1995〕第737号文）

(2)“建筑工程监理应当依照法律、行政法规及有关的技术标准、设计文件和建筑工程承包合同，对承包单位在施工质量、建设工期和建设资金使用等方面，代表建设单位实施监督。”（引自《中华人民共和国建筑法》）

**4.4.1.5** 建设工程监理的作用

随着近年来建筑业的飞速发展，各种建设行为逐渐规范、建设法律制度逐渐完善，工程建设监理事业也得到了长足的发展，工程建设监理发挥了巨大的作用。从项目的建议、可行性研究报告、项目的各种评估到设计阶段、建设准备阶段、施工安装阶段、生产准备阶段、竣工验收阶段工程监理单位都有不同程度的参与甚至是重点参与。

1. 工程建设监理在建设工程投资前期决策中的作用

（1）有利于提高建设工程投资决策科学化水平。工程监理企业可协助建设单位选择适当的工程咨询机构或直接从事工程咨询工作，为建设单位投资决策提出建议，有利于提高项目投资决策的科学水平。

（2）有利于实现建设工程投资效益最大化。建设工程投资效益最大化即在满足建设工程功能和质量标准的前提下，建设投资额最少；在满足建设工程预定功能和质量标准的前提下，建设工程寿命周期费用最少（即建设工程从立项开始，到建成投产、生产运行，再到报废淘汰，项目完全失去效益的整个过程时间内的费用最少）；建设工程本身的投资效益与环境、社会效益的综合效益最大化。建设监理在这样的关系中寻求一个平衡点来控制各项目标使得综合效益最大化。

2. 工程建设监理在施工质量的控制中的作用

我国在建设领域实行“三制”以来工程建设质量有了显著的提高，建设监理在工程建设中的地位越来越重要，这都归功于管理手段、指导思想和各项制度的改进。

（1）制定监理规划和监理实施细则从全局上着眼于工程的管理。工程建设监理工程师在工程建设过程中工作重点在于事前控制、过程监控，在制定规划和实施细则中，建设监理应该考虑工程特点、工期、人力、自然、机械等多方面的因素找出该工程的重点、分析出现和可能出现的问题、提出明确的质量控制目标。只有提高建设工程监理对工程质量控制的认识才能保证监理工作有效进行。“质量控制”是根本，要控制好工程质量，监理工程师必须加强对承包商的监督和管理，只有在对工程质量控制和承包商建立健全的工程管理体系有了深刻的认识基础上，才能制定相应的制度并通过自己的检查、检验、验收等手段，促使施工方内部施工质量保证体系有效运行同时也履行了监理工作职责。

（2）建设工程监理在工程开工前期对各项工作所体现的意义。

1）审查开工报告保证工程顺利进行。监理工程师在接到承包商的开工申请后，对申报材料进行详细的审查和现场审对，确认手续完备，具备了开工条件即确认开工。这样既保证了工程项目良好的开端，也为下一步工序奠定了基础。

2）审核施工方案。施工方案的审查是工程开工前质量控制的主要内容和步骤，监理工程师将要求承包商根据工程建设的实际情况编制施工方案，使其质量控制符合规范、规定和设计要求的质量标准。监理工程师并着重审查施工安排是否合理，施工机械和人员配制是否得当，施工方法是否可行，施工外部条件是否具备，质量保证措施是否完备，同时协调承包商的质量控制目标与监理的质量控制目标相一致。

3）审查承包商质量保证体系是否健全。施工前，监理工程师审核承包商制定的各项制度是否健全合理，是否建立健全质量保障体系和制定了相应的规章制度，能否保证施工质量和体系的良好运行。

4）对承包商的资质进行审核。工程开工前，监理工程师要对承包商的资质进行认真审核，并与投标文件相对照，看其项目经理、总工以及施工机械是否与投标时相一致，能否保证工程施工的需要，是否存在违法分包、转包的行为，如果有以上行为监理工程师应该及时制止。

5）审核设计变更。对工程施工中出现的设计变更进行审核，及时与建设、设计和质量监督机构联系，对权限范围内合理的设计变更及时进行批复，不能审批的设计变更，按基建程序及时上报有关单位处理，确保工程施工的顺利进行。

（3）工程建设监理在协调各参建方中所起到的作用。

1）监理在承包商关系协调中所发挥的作用。监理与承包商的关系也是相互配合相互协调的关系。在实施监理的过程中不仅要与承包商共同确保工程质量优良，也要善于协调和承包商的关系，本着公平、公正的原则把工程质量控制工作做好。

2）监理在与质量监督机构配合中所发挥的作用。质量监督作为政府行为具有强制力，质量监督机构对工程建设质量起着监督和检查的作用，与监理的质量控制目标相一致，具有指导监理工作的作用。因此，监理单位应自觉接受质量监督机构的监督和检查，与质量监督机构一起，共同把工程质量控制好。

（4）任务的顺利完成。在工程建设中“4M1E”——即人工、材料、机械、方法和环境对工程建设影响很大，只有对这些因素信息及时搜集整理并分析出存在的问题和找出应对的办法才能保证工程建设顺利进行。

3. 工程建设监理在工程进度的控制中的作用

工程建设的进度控制是工程建设监理对工程项目各建设阶段的工作内容、工作程序、持续时间和衔接关系编制计划，将该计划付诸实施，在实施中经常进行实际进度与计划进度的比较，出现偏差及时纠偏，确保项目进度目标的实现和建设项目总进度目标的实现。

（1）工程建设监理在进度控制过程中对工程的整体建设所起的作用。工程进度加快，需要增加投资，但工程能提前使用就可以提高投资效益；进度加快有可能影响工程质量，而质量控制严格，则有可能影响进度。但如果因为质量的严格控制而不用返工，又会加快进度。

（2）工程建设监理在工程项目施工阶段的进度控制中的作用。施工阶段是工程实体的形成阶段，对其进度进行控制是整个工程项目建设进度控制的重点。做好施工进度计划与项目建设总进度计划的衔接，并跟踪检查施工进度计划的执行情况，在必要时对施工进度计划进行调整，对于工程建设进度控制总目标的实现具有十分重要的意义。

**4.4.1.6** 我国建设工程监理的发展趋势

（1）加强法制建设，完善法规信息。目前，在我国颁布的法律、法规中，有关建设工程监理的条款不少，部门规章和地方性法规的数量更多，这些充分反映了建设工程监理的法律地位。然而，从加入 WTO 的角度来看，法制建设还比较薄弱，突出表现在市场竞争规则和市场交易规则还不健全；市场机制包括信用机制、价格形成机制、风险防范机制、仲裁机制等尚未形成；专门为建设工程监理而编制的更具体、更有操作性的高层次法律、法规还未出台；目前已有的法律、法规在某些问题上还存在着不一致的说法。因此，只有在总结监理工作经验的基础上，借鉴国际上通行的做法，加快完善工程监理的法律法规体系，才能使我国的建设工程监理走上法制化轨道，才能适应国际竞争新形势的需要。

（2）以市场需求为导向，向全方位、全过程监理发展。我国实行水利水电工程监理制已有近 20 年时间，但目前仍然以施工阶段监理为主。造成这种状况的原因既有体制上认识的问题，也有建设单位和监理企业素质及能力等问题。但是从建设工程监理行业而临世界经济一体化、市场经济快速发展、建设项目组织实施方式改革带来的机遇和挑战的形势来看，监理代表建设单位进行全方位、全过程的工程项目管理，将是我国工程监理行业发展的必然趋势。当前，监理企业要以市场需求为导向，尽快从单一的施工阶段监理向建设工程全方位、全过程监理过渡，不仅要做好施工阶段监理工作，而且要进行决策阶段和设计阶段的监理。只有这样，我国的监理企业才能具有国际竞争力，才能为我国的工程建设发展发挥更大的作用。

（3）适应市场需求，优化工程监理企业结构。在市场经济条件下，监理企业的发展规模和特色必须与建设单位项目管理的需求相适应。建设单位对建设工程监理的需求是多种多样的，建设工程监理企业所提供的服务也应是多种多样的。尽管上文所述建设工程监理应向全方位、全过程监理发展，但从市场投资多元化、户主需求多样化来看，并不意味着所有的建设工程监理企业都朝这个方向发展。因此，应通过市场机制和必要的行业政策引导，在建设工程监理行业逐步建立起综合性收费企业与专业性监理企业相结合，大、中、小型监理企业相结合的合理的企业结构。

（4）加强培训工作，不断提高从业人员素质。从全方位、全过程、高层次监理的要求来看，我国建设工程监理人员的素质还不能与之相适应，亟须加以提高。另一方面，工程建设领域的新技术、新工艺、新材料层出不穷，工程技术标准、规范、规程更新较快，信息技术日新月异，要求建设工程监理从业人员与时俱进，不断提高自身的业务素质和职业素质，这样才能为建设单位提供优质服务。监理人员的培训工作应重点做好岗前培训和注册监理工作的继续教育工作，建立一个多渠道、多层次、多形式、多目标的人才培养体系。

（5）注意与国际惯例接轨，力争走向世界。我国的建设工程监理虽然是参照国际惯例从西方借鉴引入的，但基于我国的国情不同于外国，在某些方面与国际惯例还有差异。我国已加入 WTO，随着加入 WTO 过渡期即将结束，我国建筑市场的竞争规则、技术标准、经营方式、服务模式将进一步与国际接轨。与国际惯例接轨可使我国的建设工程监理企业与国外同行按照同一规则同台竞争，既表现在国外项目管理公司进入我国后，与我国的工程监理企业产生竞争，也表现在我国工程监理企业走向世界，与国外同类企业产生竞争。要在竞争中取胜，除有实力、业绩、信誉之外，还应掌握国际上通行的规则。

**4.4.1.7** 建设工程安全生产监理工作的主要内容和程序

1. 建设工程安全监理的主要工作程序

建设工程安全生产监理工作的主要程序包括编制规划、审核文件、巡视检查、记录备案、立卷归档。

2. 建设工程安全监理的主要工作内容

(1) 施工准备阶段。此阶段主要工作内容包括监理规划、实施细则、强制性标准（地下管线、专项施工、用电、季度性、总平面图）、安全制度、安全许可、专职人资格、特种作业、安全费用。

1) 根据要求，编制包括安全监理内容的项目监理规划，明确安全监理的范围、内容、工作程序和制度措施，以及人员配备计划和职责等。

2) 对中型及以上项目和《危险性较大的分部分项工程安全管理办法》规定的危险性较大的分部分项工程，监理工程师报考条件监理单位应当编制监理实施细则。实施细则应当明确安全监理的方法、措施和控制要点，以及对施工单位安全技术措施的检查方案。

3) 审查施工单位编制的施工组织设计中的安全技术措施和危险性较大的分部分项工程安全专项施工方案是否符合工程建设强制性标准要求。

4) 检查施工单位在工程项目上的安全生产规章制度和安全监管机构的建立、健全及专职安全生产管理人员的配备情况，督促施工单位检查各分包单位的安全生产规章制度的建立情况。

5) 审查施工单位资质和安全生产许可证是否合法有效。

6) 审查项目经理和专职安全生产管理人员是否具备合法资格，是否与投标文件相一致。

7) 审核特种作业人员的特种作业操作资格证书是否合法有效。

8) 审核施工单位应急救援预案和安全防护措施费用使用计划。

(2) 施工阶段。此阶段主要工作内容包括制止违规、定期巡视、安全设施、生产费用、抽查。

1) 监督施工单位按照施工组织设计中的安全技术措施和专项施工方案组织施工，及时制止违规施工作业。

2) 定期巡视检查施工过程中的危险性较大的工程作业情况。

3) 检查施工现场自升架设施和安全设施的验收手续。

4) 检查施工现场各种安全标志和安全防护措施是否符合强制性标准要求，并检查安全生产费用的使用情况。

5) 督促施工单位进行安全自查工作，并对施工单位自查情况进行抽查，参加建设单位组织的安全生产专项检查。

### 4.4.2 进度控制

水利工程项目一般投资大、工期长，项目能否在预定的时间建成并投入使用，关系到投资效益的实现，项目法人无不殷切期望工程项目能按施工计划工期竣工投产，或可能愿意花合适的额外投资，使工程项目尽可能提前竣工投产，因此，工程项目的进度目标在三大控制目标中显得尤为重要。对于水利工程项目来讲，一般至少应对准备工程动工日期、截流日期、主体工程开工日期作出明确的规定，以避免在关键时刻（如截流、下闸蓄水）赶不上工期，错过有利的施工机会，而造成重大经济损失。工程项目进度控制，就是以周密、合理的进度计划为指导，对工程施工进度进行跟踪检查、分析、调整与控制，因此，施工阶段的进度控制是整个工程项目进度控制的重点。

#### 4.4.2.1 进度控制概述

1. 进度控制的概念

工程建设的进度控制是指在工程项目各建设阶段编制进度计划，并将计划付诸实施，在实施过程中检查实际进度与计划进度是否存在偏差，如有偏差，则分析产生偏差的原因，采取措施进行补救、调整或修补原计划，以使项目进度总目标得以实现。水利工程建设关系到国民经济若干部门，如果进度失控，必然导致人力、物力的浪费，甚至可能影响工程质量和安全。在确保工期的前提下控制工程进度计划，可以加强水利工程施工的计划性，保证工程施工均衡、连续、有节奏地顺利进行，从施工顺序和施工速度等组织措施上保证工程质量和施工安全，使建设资金、劳动力、材料和机械设备合理使用，并能多快好省地进行工程建设，达到工程项目的总目标。

2. 影响进度的因素

水利工程建设项目由于施工内容多、工程量大、作业复杂、施工周期长及参与施工单位多等特点，影响进度的因素很多，主要可归为人为因素，技术因素，项目合同因素，资金因素，材料、设备与配件因素，水文、地质、气象及其他环境因素，社会因素及一些难以预料的偶然突发因素等。

3. 工程项目进度计划

工程项目进度计划可以分为进度控制计划、财务计划、组织人事计划、供应计划、劳动力使用计划、设备采购计划、施工图设计计划、机械设备使用计划、物资工程验收计划等。其中工程项目进度控制计划是编制其他计划的基础，其他计划是进度控制计划顺利实施的保证。施工进度计划是施工组织设计的重要组成部分，并规定了工程施工的顺序和速度。水利工程项目施工进度计划主要有两种：一是总进度计划，即对整个水利工程编制的计划，要求写出整个工程中各个单项工程的施工顺序和起止日期及主体工程施工前的准备工作和主体工程完工后的结尾工作的施工期限；二是单项工程进度计划，即对水利枢纽工程中主要工程项目，如大坝、水电站等组成部分进行编制的计划，写出单项工程施工的准备工作项目和施工期限，要求进一步从施工方法和技术供应等条件论证施工进度的合理性和可靠性，研究加快施工进度和降低工程成本的具体方法。

4. 工程进度控制的方法

(1) 行政方法。行政方法是指行政政单位及领导，利用其行政权力，通过发布进度指令、采用激励手段对工程项目进度进行指导、协调、考核。其特点是直接、迅速、有效，但提倡科学性，防止主观、武断、片面的瞎指挥。此法的工作重点应当是对进度目标的决策和指导。

(2) 经济方法。经济方法是指有关部门和单位用经济手段对工程项目的进度控制进行影响和制约。如建设银行通过控制投资的发放速度控制工程项目的实施进度；在承发包合同中写进有关工期和进度的条件，通过招标的进度优惠条件鼓励承包人加快工程进度。

(3) 管理技术方法。管理技术方法主要是对进度控制的规划、控制和协调，即监理人员在工程项目实施过程中，在确定项目总目标和分目标前提下，进行实际进度与计划进度的比较，发现实施过程中的偏差，及时分析产生偏差的原因及影响程度，采取有效的措施进行纠正，并且协调工程建设各方面之间的进度关系，确保工程进度目标的实现。

5. 进度控制的措施

进度控制的措施主要有组织措施、技术措施、合同措施、经济措施和信息措施。

(1) 组织措施包括落实项目进度控制部门的人员、具体控制任务和职责分工；

项目分解、建立编码体系；确定进度协调工作制度，包括协调会议的时间、人员等；对影响进度目标实现的干扰和风险因素进行分析。

(2) 技术措施是指采用先进的施工工艺、方法等，以加快施工进度。

(3) 合同措施主要包括分段发包、提前施工以及各合同期与进度计划的协调等。

(4) 经济措施是指保证资金供应。

(5) 信息管理措施主要是通过计划进度与实际进度的动态比较，收集有关进度的信息。

#### 4.4.2.2 建设工程实施阶段进度控制

1. 设计准备阶段进度控制的任务

(1) 收集有关工期的信息，进行工期目标和进度控制决策。

(2) 编制工程项目建设总进度计划。

(3) 编制设计准备阶段详细工作计划，并控制其执行。

(4) 进行环境及施工现场条件的调查和分析。

2. 设计阶段进度控制的任务

(1) 编制设计阶段工作计划，并控制其执行。

(2) 编制详细的出图计划，并控制其执行。

3. 施工阶段进度控制的任务

(1) 编制施工总进度计划，并控制其执行。

(2) 编制单位工程施工进度计划，并控制其执行。

(3) 编制工程年、季、月实施计划，并控制其执行。

为了有效地控制建设工程进度，监理工程师要在设计准备阶段向建设单位提供有关工期的信息，协助建设单位确定工期总目标，并进行环境及施工现场条件的调查和分析。在设计阶段和施工阶段，监理工程师不仅要审查设计单位和施工单位提交的进度计划，更要编制监理进度计划，以确保进度控制目标的实现。

#### 4.4.2.3 进度控制案例

**【案例1】**

1. 背景

某工程项目在施工单位向监理方提交的施工组织设计中，基础工程分三段进行施工，其相应的横道图和网络计划如图 4.2 和图 4.3 所示。

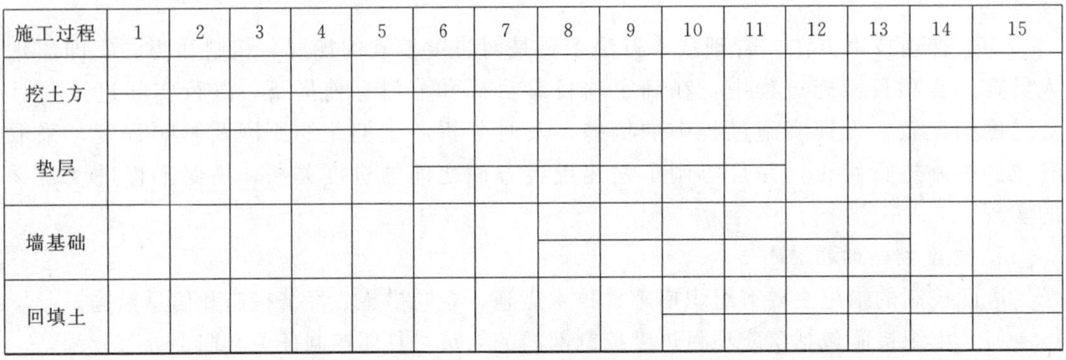

施工过程
1
2
3
4
5
6
7
8
9
10
11
12
13
14
15
挖土方
垫层
墙基础
回填土

图 4.2　某基础工程横道图

0
0
3
0
挖 1
挖 2
挖 3
①
②
③
垫 1
5
6
垫 2
8
9
垫 3
④
⑤
⑥
⑦
基 1
7
8
基 2
16
基 3
⑧
⑨
⑩
⑪
11
15
15
填 1
填 2
填 3
⑫
⑬
⑭
10
13

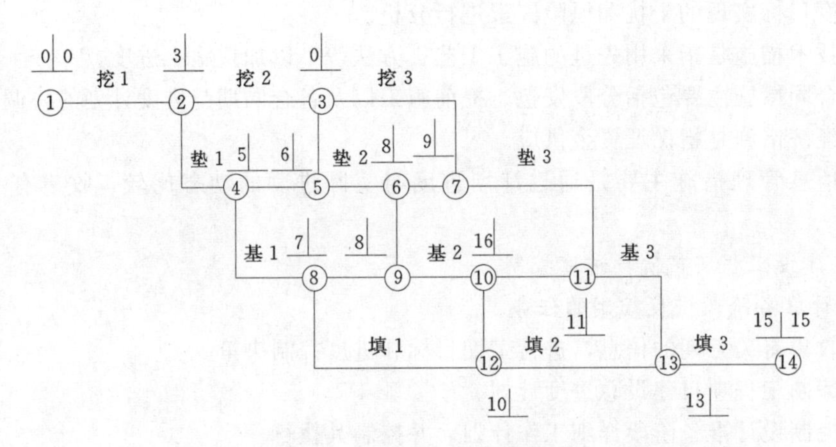

图 4.3　某基础工程网络图

2. 问题

(1) 监理工程师发现横道图与网络图在工序时间的表示上不同，为什么？

(2) 监理工程师发现网络图绘制有问题，参数计算不完整，请指出。

(3) 如果垫层需要拖延一天时间，在横道图和网络图上对工期有什么影响，监理工程师应如何控制这一天时间，使之对工期影响最小？

(4) 施工过程中，网络图中垫 1 拖延了一天，此时业主要求 12 天做完基础，监理工程师如何对工期进行优化？

**【案例 2】**

1. 背景

某单位工程为单层钢筋混凝土排架结构，共有 60 根柱子，监理工程师批准的网络计划如图 4.4 所示（图中工作持续时间以月为单位），该工程施工合同工期为 18 个月，质量标准要求为优良。施工合同中规定，土方工程单价为 16 元/$m^3$，土方估算工程量为 22000$m^3$，混凝土工程单价为 320 元/$m^3$，混凝土估算工程量为 800$m^3$。当土方工程和混凝土工程量任何一项增加走出该原估算工程量的 15%时，该项走出部分结算单价可进行调整，调整系数为 0.9。

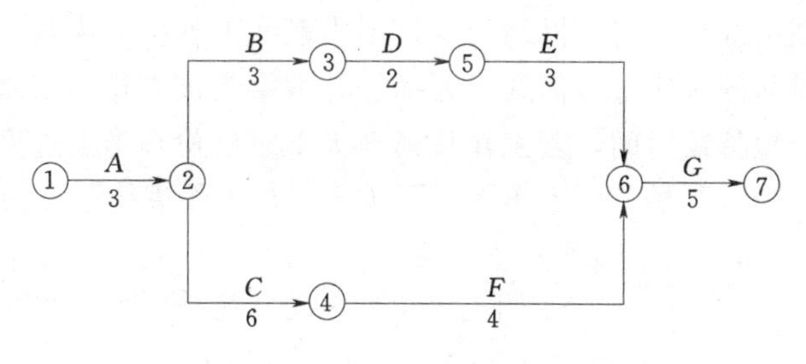


图 4.4　某单位工程网络图

在施工过程中监理工程师发现刚拆模的钢筋混凝土柱子存在工程质量问题。在发现有质量问题的10根柱子中，有6根蜂窝、露筋较严重；有4根柱子蜂窝、麻面轻微，且截面尺寸小于设计要求。截面尺寸小于设计要求的4根杆子经设计单位验算，可以满足结构安全和使用功能要求，这4根柱子可不加固补强。在监理工程师组织的质量事故分析处理会议上，承包方提出了如下几个处理方案：

方案一：6根柱子加固补强，补强后不改变外形尺寸加面补强。

方案二：10根柱子全部砸掉重做。

方案三：6根柱子砸掉重做，4根柱子不加固补强。

在工程按计划进度进行到第4个月时，业主、监理工程师与承包方协商同意增加一项工作 $K$，其持续时间为2个月，该工作安排在 $C$ 工作结束以后开始（$K$ 是 $C$ 的紧后工作），$E$ 工作开始前结束（$K$ 是 $E$ 的紧前工作）。由于 $K$ 工作的增加，$G$ 工作增加了土方工程量 $3500\text{m}^3$。增加了混凝土工程量 $100\text{m}^3$。

工程竣工后，承包方组织了该单位工程的预验收，在组织正式竣工验收前，业主已提前使用该工程。业主使用中发现房屋面漏水，要求承包方修理。

2. 问题

（1）承包方要保证主体结构分部工程质量等级达到优良标准的三种处理方案中，哪种处理方案能满足要求？为什么？

（2）由于增加了 $K$ 工作，承包方提出了顺延工期2个月的要求，该要求是否合理？监理工程师应该签证批准的顺延工期应是多少？

（3）由于增加了 $K$ 工作，相应的工程量有所增加，承包方提出了增加工程量的结算费用：

土方工程：$3500\text{m}^3 \times 16$ 元/$\text{m}^3 = 56000$（元）

混凝土工程：$200\text{m}^3 \times 320$ 元/$\text{m}^2 = 64000$（元）

合计12000元。

该费用是否合理？监理工程师对这笔费用应签证多少？

（4）在工程未正式验收前，业主提前使用是否可认定为该单位工程已验收？承包方是否承包保修责任？

**【案例3】**

1. 背景

某工程项目的施工进度计划如图4.5所示，该图均按各项工作的正常持续时间绘制，按最早时间参数绘制的双代号时标网络计划，图中箭线上方括号内数字为工期优化调整计划时压缩工作持续时间的次序号，箭线下方括号外数字为该工作的正常持续时间，括号内的数字为该工作的最短持续时间，若工作日第 5 天下班后检查施工进度完成情况，发现 $A$ 工作已完成，$D$ 工作尚未开始，$C$ 工作进行了 1 天，$B$ 工作进行了 2 天。

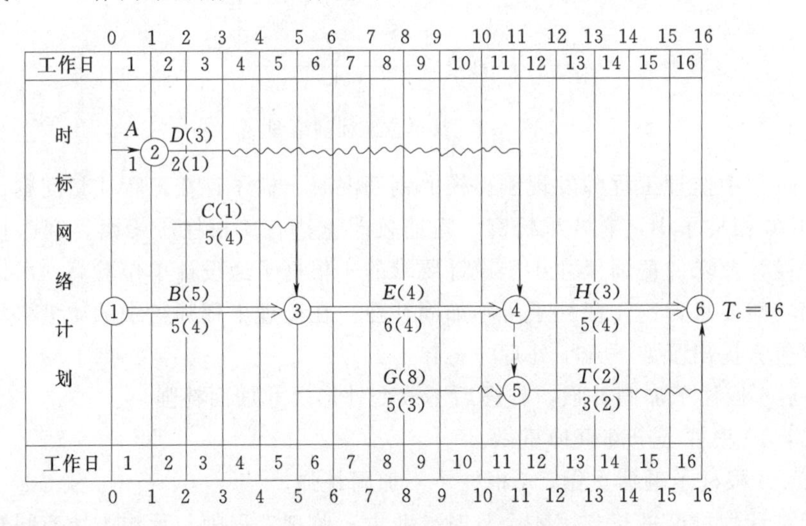


图 4.5　某工程项目的施工进度计划

2. 问题

(1) 绘制实际进度前锋线记录实际进度执行情况，并说明前锋线的绘制方法。

(2) 对实际进度与计划进度对比分析，填写网络计划检查结果分析表。

**表 4.1　　　　　　　　网络计划检查分析表　　　　　　　　单位：天**

| 工作代号 | 工作名称 | 检查计划时尚需作业天数 | 到计划最迟完成时尚有天数 | 原有总时差 | 尚有总时差 | 情况判断 |
|---|---|---|---|---|---|---|
| | | | | | | |
| | | | | | | |

(3) 根据检查结果分析的数据，绘制未调整前的双代号时标网络计划。

(4) 本例要求按原工期目标完成，不允许拖延工期，按工期优化的思路，以及各工作的压缩次序号调整计划，绘制调整后的双代号时标网络计划，并说明其调整计划的基本思路。

**【案例 4】**

1. 背景

某项建设工程可分解为 15 个工作，根据工作的逻辑关系绘成的双代号时标网络如图 4.6 所示。工程实施至第 12 天末进行检查时，$A$、$B$、$C$ 三项工作

已完成，$D$ 和 $G$ 工作已分别完成了 5 天的工作量，$E$ 工作完成了 4 天的工作量。

2. 问题

(1) 按工作最早完成时刻计，$D$、$E$、$G$ 三项工作是否已推迟？各为多少天？

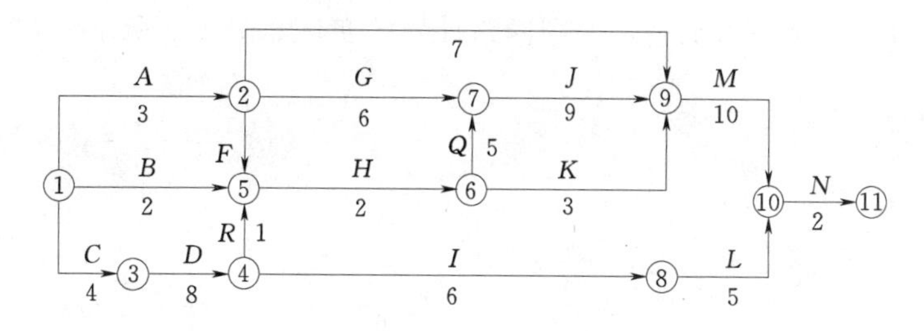


图 4.6　某建设工程双代号时标网络

（2）哪一个工作对工程如期完成会构成威胁？工期是否要推迟？可能推迟多少天？

（3）在 $J$、$K$、$L$ 三个工作不能缩短持续时间的情况下，要调整哪些工作的持续时间最有可能使工程如期竣工？

（4）分析工程现状发现：$A$ 工作期间，因暴风雨停工 3 天；$B$ 工作期间，因烧毁吊车电机停工 4 天；$C$ 工作期间，因施工图变更停工 2 天。如果后续工作都不可能缩短持续时间，那么工期推迟的责任该谁承担？施工方有无提出工期索赔的可能？

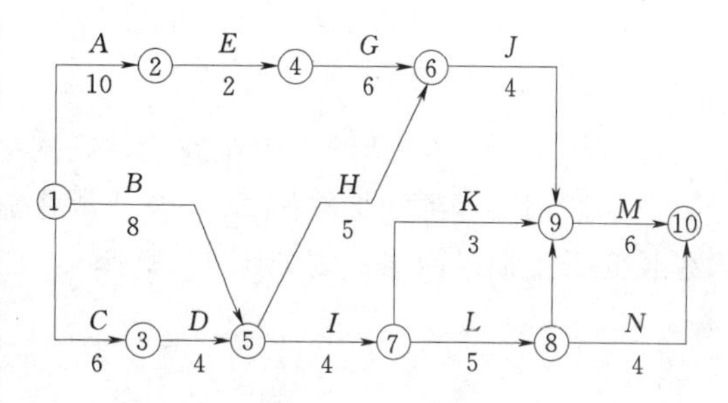


图 4.7　某工程施工网络计划

**【案例 5】**

1. 背景

某工程施工网络计划如图 4.7 所示。

2. 问题

（1）该网络计划的计算工期为多少天？哪些工作为关键工作？

（2）如果由于工作 $A$、$D$、$J$ 共用一台施工机械而必须顺序施工时，该网络计划应如何调整？调整后网络计划中的关键工作有哪些？

（3）如果没有施工机械的限制，在按原计划执行过程中，由于业主原因使工作 $B$ 拖延 6 天，不可抗力原因使工作 $H$ 拖延 5 天，承包商自身原因使工作 $G$ 拖延 10 天，承包商提出工程延期申请，监理工程师应批准工程延期多少天？为什么？

（4）在上述问题（3）中，如果工作 $G$ 拖延 10 天是由于与业主签订了供货合同的材料供应商未能按时供货而引起的话（其他条件同上），监理工程师应批准工程延期多少天？为什么？

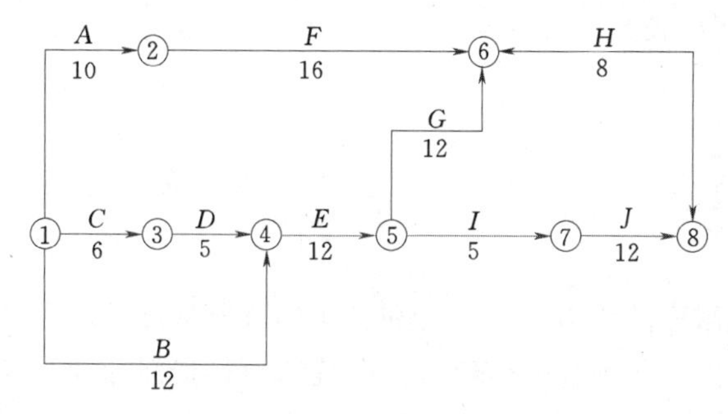


图 4.8　某分部工程的网络计划

**【案例 6】**

1. 背景

某分部工程的网络计划如图 4.8 所示，计算工期为 44 天。根据技术方案，确定 $A$、$D$、$I$ 三项工作使用一台机械顺序施工。

(1) 按 $A—D—I$ 顺序组织施工，则网络计划的变化如图 4.9 所示。

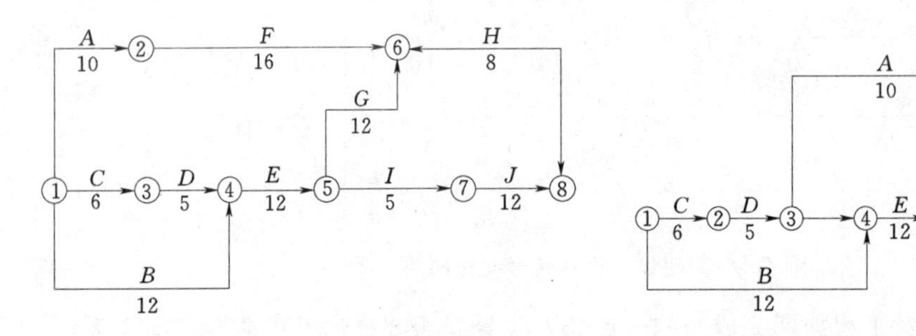

图 4.9　某分部工程按 $A—D—I$ 顺序组织施工的网络计划

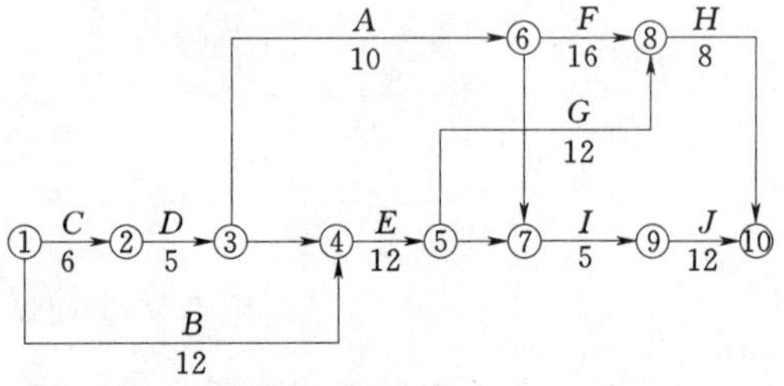

图 4.10　某分部工程按 $D—A—I$ 顺序组织施工的网络计划

(2) 如按 $D—A—I$ 顺序组织施工，则网络计划变化如图 4.10 所示。

(3) 监理工程师如批准按 $D—A—I$ 顺序施工，施工中由于业主原因，承包商提出要求延长 5 天工期。网络计划如图 4.11 所示。

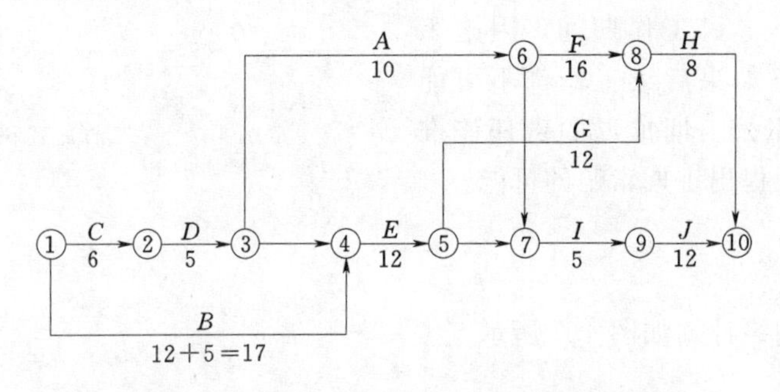


图 4.11　某分部工程要求延长工期的网络计划

2. 问题

(1) 网络计划如图 4.9 所示时，计算工期是多少天？

(2) 网络计划如图 4.9 所示时，机械在现场的使用和闲置时间各是多少天？

(3) 网络计划如图 4.10 所示时，计算工期是多少天？

(4) 网络计划如图 4.10 所示时，机械在现场的使用和闲置时间各是多少天？

(5) 试比较以上两个方案的优缺点。

(6) 网络计划如图 4.11 所示时，工期延长几天合理？为什么？签发机械闲置（赔偿）时间几天合理？为什么？

### 4.4.3　质量控制

#### 4.4.3.1　质量管理与质量保证术语

1. 质量

质量是反映实体满足明确需要和隐含需要的能力的特性总和。实体可以是产品，也可以是活动或过程，组织、体系和人，以及以上各项的任何组合。明确需要是指在标准、规范、图纸、技术要求和其他文件中已经作出规定的需要。隐含需要是指业主和社会对实体的期望和那些人们公认的、不言而喻的不必明确的需要。特性是指实体特有的性质，它反映了实体满足需要的能力。

从狭义上讲，质量通常是指工程产品质量。而从广义上讲，则应包括工程产品质量和工作质量两方面。

（1）工程产品质量。工程产品质量是指工程实体满足明确和隐含需要的能力的特性总和。所谓满足明确需要，通常是指符合国家有关法规、技术标准或合同规定的要求；所谓满足隐含需要，一般指满足用户的需要。上述需要即是对工程产品的性能、时间性、可信性、适应性、经济性、安全性等特性的要求。

（2）工作质量。工作质量是指参与建设的各方为了保证工程产品质量所做的组织管理工作和生产全过程各项工作的水平和完善程度。要保证工程产品的质量，就要求各方有关部门、有关人员对影响工程产品质量的所有因素进行控制，即通过提高工作质量来保证和提高工程产品质量。工作质量可以概括为社会工作质量和生产过程质量两个方面。社会工作质量主要是指在社会调查、质量回访、维修服务等方面工作的好坏。生产过程质量主要包括政治思想工作质量、管理工作质量、技术工作质量、后勤工作质量等，最终还将反映在工序质量上。而工序质量的好坏，受人、材料、机具设备、工艺及环境等五方面因素的影响。

（3）工序质量。工序是指施工人员在某一工作面上，借助于某些工具或施工机械对一个或若干个劳动对象所完成的一切连续活动的综合。工序质量包括这些活动条件的质量和活动效果的质量。工程产品的质量是由参与建设的各方完成工作质量和生产（施工）过程中的工序质量来决定的。构成施工过程的基本单元是工序。虽然工程产品复杂程度不同，生产过程也不相同，但它们都有一个共同特点，都是由一道一道工序加工出来的，每一道工序的质量好坏，最终都直接或间接地影响工程产品的质量。所以工序质量是形成工程产品质量最基本的环节。

工程产品质量、工序质量、工作质量三者之间有着密切的关系。工程产品质量取决于工序质量和工作质量；工序质量又取决于工作质量。工程产品质量是工作质量的综合反映，工作质量是工程产品质量的基础和保证。因此，要把质量管理的重点放在如何提高工作质量上，并通过提高工作质量来保证和提高工程产品质量。

2. 质量控制

质量控制是为了达到质量要求所采取的作业技术和活动。质量控制的对象是过程，如设备和材料采购过程、施工过程等。控制的结果应能使被控制对象达到规定的质量要求。为此，必须采取适宜的、有效的措施，包括作业技术和方法。如为了控制施工过程的质量，可以通过作业指导书规定施工中该工序使用的工艺设备、施工方法、检验方法，对关键工序还可以采取动态控制方法监视其质量的波动情况。

工程质量有个产生、形成和实现的过程。在这个过程中，为使工程产品能满足用户的需要，达到规定的质量要求，就需要进行一系列的作业技术和活动，只有将这一系列环节的作业技术和活动均置于严格的控制之下，才能最终得到满足规定的质量要求的工程产品。也只有及时地排除所有这些环节的作业技术和活动中发生偏离有关规范规程、标准的现象，并使之恢复正常，才能达到控制的目的。对每个环节的作业技术和活动进行有效的控制，就是工程质量控制。

3. 质量保证

在工程建设中，质量保证是施工承包商在质量管理的基础上，在确定的质量保证计划的指导下，为确保工程达到质量指标、技术标准和用户要求而提供的担保，是准确地履行质量标准的依据，是取得有关各方满意和信任的全部有计划、有系统的活动。

在工程建设中，质量保证的途径包括以下三种。

(1) 以检验为手段的质量保证。以检验为手段的质量保证，实质上是对工程质量效果是否合格作出评价，并不能通过它对工程质量加以控制。因此，它不能从根本上保证工程质量，只不过是质量保证工作的内容之一。

(2) 以工序管理为手段的质量保证。以工序管理为手段的质量保证，是通过对工序能力的研究，充分管理设计施工工序，使之处于严格的控制之中，以此来保证最终的质量效果。但这种手段仅对设计、施工工序进行了控制，并没有对规划和使用等阶段实行有关的质量控制。

(3) 以开发新技术、新工艺、新材料、新工程产品为手段的质量保证。以开发新技术、新工艺、新材料、新的工程产品为手段的质量保证，是对工程从规划、设计、施工到使用的全过程实行的全面质量保证。这种质量保证，克服了前两种质量保证手段的不足，可以从根本上确保工程质量，这是目前最高级的质量保证手段。

4. 质量管理

质量管理是确定质量方针、目标和职责，并在质量体系中通过诸如质量策划、质量控制、质量保证和质量改进，使其实施全部管理职能的所有活动。

质量管理既包括质量控制和质量保证，也包括质量方针、质量策划、质量改进等，它的运作是通过质量体系来进行的。监理工程师要搞好质量管理，应加强最高管理者的领导作用，落实各级管理者的职责，并动员、教育、激励全体职工积极参与质量管理。

5. 全面质量管理

(1) 全面质量管理的内涵。1961 年美国的弗根堡姆（A. V. Feigenbaum）提出全面质量管理的概念。全面质量管理是从系统理论出发，将企业作为产品生产的整体，依靠全体人员，综合运用现代管理方法和科学技术，建立一套完整的质量保证体系，控制生产过程影响质量的各项因素，经济地研制和生产用户满意的产品的管理活动的总称。

(2) 全面质量管理的特点。

1) 全面的质量管理。全面质量管理不仅包括产品质量，而且包括影响质量所有方面的工作质量。就管理范围而言，质量不仅包括技术指标，而且包括诸如性能、时间性、可信性、适应性、安全性、经济性等综合性质量指标，以及工期和使用服务等方面。

2) 全过程的质量管理。全过程质量管理即从规划、勘测、设计、施工、使用和服务等全过程，都要进行质量管理。在施工中，则对每一道工序、每一个环节以及人、机械、材料、工艺方法和环境等影响工程产品质量的因素，都进行管理。

3) 全员的质量管理。企业的各部门、各岗位的所有人员的工作质量，都对工程（产品）质量有所影响，所以应动员和组织企业各部门和全体人员，保证自己的工作质量，共同对工程（产品）质量作出保证。

4) 质量管理的方法多种多样。综合运用近代科学技术以及先进的理论方法，特别是以概率论和数理统计方法为基础的多种工具和方法，使质量管理工作由定性管理发展为定量管理。

(3) 全面质量管理的基本观点。

1) 全面对待质量的观点。即从广义的质量概念出发，用良好的工作质量保证工程量。

2) 为用户服务的观点。在工程建设中，接收或使用工程的单位或个人都是用户。在企业内部，将用户概念广义化，生产（设计、施工）过程中的下一道工序就是上道工序的用户，质量管理的目标是要让用户满意。

3) 预防为主的观点。全面质量管理要求在产品的生产过程中，必须针对设计、制造或施工中的每道工序、每个环节，运用检测技术通过初检、复检、终检和随机抽样、绘制质量控制图等方法，及时观察和分析工程产品的质量动态和质量波动的原因，预见可能出现的质量问题，采取对策，使产品质量始终处于被控制的状态，消灭质量事故于萌芽之时，防患于未然。

4) 全面管理的观点。就是进行全过程、全企业、全员的管理，使质量管理形成严密的体系并具有扎实的群众基础。

5) 用数据说话的观点。全面质量管理区别于传统管理的重要一点，就是它依靠数据并广泛运用数学理论和统计方法，依靠实际数据资料，作出正确的判断，进而采取相应的措施，进行质量管理。所以，必须善于获取和利用工程质量数据信息。

6) 不断完善和提高的观点。重视实践，坚持按照计划（P)、实施（D)、检查（C)、处理（A）的循环过程办事。每一次循环之后，对事物内在的客观规律就有进一步的认识，从而制定新的质量计划与措施，使质量管理工作及工程（产品）质量不断提高。

a. 计划阶段。这个阶段主要是要在调查问题的基础上制订计划。计划阶段包括分析质量现状，查找质量问题；分析造成质量问题的原因和因素，并找出主要因素；制订改善质量的对策和措施，提出行动计划，并预计效果。

b. 实施阶段。这个阶段的任务就是按照制定的质量计划，组织、协调和保证其具体实施，即执行计划。

c. 检查阶段。检查阶段的工作有：将计划实施阶段的成果与计划目标进行对比，检查计划执行情况，找出存在的问题，然后针对问题及时采取措施，并考核其效果。

d. 处理阶段。这个阶段的任务是总结正、反两方面的经验教训，使下一周期的质量管理工作更上一层楼。它包括总结经验，巩固提高；提出遗留问题，转入下一个循环中加以解决。

6. 工程项目质量的特点

工程项目的建设具有许多一般工业产品生产所不具备的特点。具体表现在以下几方面：

(1) 生产周期长。由于建筑产品体型庞大，工程量巨大，建设产品的生产环境复杂多变，受自然条件影响大，故生产周期长，通常要几年至十几年。

(2) 建设过程具有连续性和协作性。工程建设必须按照统一的计划有机地组织起来，在时间上不间断，在空间上不脱节，使建设工作有条不紊地进行。

(3) 受自然和社会条件的制约性强。工程建设受地质、水文、气象、水电、交通等因素的影响很大。

(4) 工程产品固定、生产流动、结构类型不一、施工方法不一等。

所以，监理工程师应针对工程项目质量的特点，严格控制质量，并将质量控制贯穿于项目建设的全过程。

7. 监理工程师的质量控制体系

(1) 监理工程师质量控制组织形式。根据施工项目的构成、施工发包方式、施工项目的规模，以及工程承包合同中的有关规定，建立监理工程师质量控制体系的组织形式。应本着从实际需要出发，贯彻责任制的原则，体现高效能的要求，建立相应的组织形式。总的说来，监理工程师质量控制的组织形式有以下三种：

1) 纵向组织形式。一个合同项目应设置专职的质量控制工程师，大多数情况下，质量控制工程师由工程师代表兼任。下面再按分项合同或子项目设置分项合同或子项目质量控制工程师，并分别配备适当的专业工程师，如测量工程师、试验工程师、地质工程师等。根据需要，在各工作面上配有质量监理员。

2) 横向组织形式。一个合同项目设置专职的质量控制工程师。下面再按专业配备质量控制工程师，全面负责各子项目的质量控制工作。

3) 混合组织形式。这是纵向组织形式与横向组织形式的组合体。每一子项目配置相应的质量控制工程师，整个合同项目配备各专业工程师。各专业工程师负责所有子项目相应的质量控制任务。

(2) 施工阶段质量控制的工作制度。做好施工阶段质量控制工作，必须要有健全的制度作保证。除一般应遵守的制度外，监理工程还应做好以下工作。

1) 图纸会审制度。开工前，组织有关监理人员对图纸进行分析研究和审查，通过审查预见施工难点、施工薄弱环节和隐患，研究确定监理方案和预控措施，预防质量问题的发生。

2) 技术交底制度。在学习审查图纸的基础上，由监理工程师向有关监理人员进行“四交底”，即设计要求交底、施工要求交底、质量标准交底、技术措施交底。

3) 材料检验制度。材料控制工程师应负责检查和审阅施工承包商提供的材质证明和试验报告。对材质有怀疑的主要材料，应负责抽样复查，抽样复查合格后方可使用。不准使用不合格的材料。

4) 隐蔽工程验收制度。隐蔽前，施工承包商应根据工程质量检验评定标准进行自检，并将评定合格的自检资料送交监理工程师。监理工程师收到施工承包商自检资料后，应在承包商自检合格基础上组织复查，复查无误后，方可办理隐蔽工程验收签证。

5) 工程质量整改制度。监理工程师在施工过程中发现的一般质量通病，应及时通知施工承包商进行整改，并作好通知整改记录；对较大质量问题或工程隐患，整改后应报监理工程师复查、签证。

6) 设计变更制度。有关设计变更事宜由监理工程师归口，同设计承包商联系协商，由设计承包商出具设计变更联系单主送监理工程师，并报送业主同意。

7) 钢筋代换制度。钢筋规格、型号应尽可能满足原设计要求，必须代换时由施工承包商提出意见，报经监理工程师与设计承包商联系后审批。重要结构钢筋的代换应事先征得设计承包商的同意和签证。

**4.4.3.2** 合同条件与施工阶段质量控制

监理工程师最主要、最直接的质量控制依据是工程承包合同，合同条件则是组成合同文件的重要部分，它明确了业主和施工承包商双方在质量控制方面各自享有的权利、承担的风险和职责。

1. 合同条件对施工阶段的质量控制

（1）限制合同转让与分包。施工阶段质量的优劣，在很大程度上取决于施工承包商的技术水平、施工经验、管理水平和工作态度。尽管其他因素（如环境）也不可避免地影响工程质量，但业主在工程施工招标阶段，总是选择各方面都能符合要求的施工承包商，其目的之一在于确保工程质量。为了确保整个施工期间，参与施工的所有承包商均能符合规定要求，许多合同条件都规定不允许施工承包商无限制、无条件地将整个施工项目或其中任何一部分转让、分包出去。

（2）技术条件。技术条件对质量控制有着重要影响，是监理工程师控制质量的主要技术依据。只有督促施工承包商不折不扣地执行技术条件，才足以保证施工质量，避免对工程质量产生异议。为此，在合同协议书中明确规定技术条件为其组成部分之一，确认了技术条件在质量控制中的作用。

（3）材料、设备检验与管理。施工阶段质量控制中，监理工程师第一位的工作无疑是要把好材料和设备质量关，防止以次充好、以劣替优。如果材料、设备不合格，工程施工质量控制就完全失去了基础。由此可见，监理工程师务必要重视材料、设备的质量检验和管理。监理工程师在组织和参与材料、设备质量检验和管理过程中，有一点需要引起注意，即应将其参与检验的意图提前24小时通知承包商。如果监理工程师未在商定的日期参加检验，除非另有指示，承包商可以着手检验，并将检验视为是在监理工程师在场的情况下进行的，而且立即向监理工程师提交正式证明的检验结果副本。此种情况下，监理工程师应承认检验结果的有效性。监理工程师对此要引起重视。

（4）施工质量检验与缺陷补救。施工质量检验是控制质量必不可少的一项工作。施工质量检验可以起到监督、控制质量，及时纠正错误、避免事故扩大，消除隐患等作用。为此，监理工程师必须安排专人专责，经常、深入、仔细、严密地进行施工质量检验。

2. 质量控制的依据及方法、程序

（1）质量控制的依据。

1）已批准的设计文件、施工图纸及相应的设计变更与修改文件。

2）已批准的施工组织设计。

3）合同中引用的现行施工规范、规程。

4）合同中引用的有关原材料、半成品、构配件方面的质量依据。

5）业主和施工承包商签订的工程承包合同中有关质量的合同条款。

6）制造厂提供的设备安装说明书和有关技术标准。

（2）施工阶段质量控制方法。

1）旁站检查。旁站是指监理人员对重要工序（质量控制点）的施工进行的现场监督和检查，注意事故苗头，避免发生质量问题。旁站是驻地监理人员的一种主要现场检查形式。根据工程施工难度、复杂性及稳定程度，可采用全过程旁站、部分时间旁站两种方式。对容易产生缺陷的部位或产生了缺陷难以补救的部位，以及隐蔽工程，尤其应该加强旁站。在旁站检查中，监理人员必须检查承包商在施工中所用的设备、材料及混合料是否与已批准的设备、材料和混合料配比相符，检查是否按技术规范和批准的施工方案、施工工艺进行施工，注意发现事故苗头，及时指出问题，制止错误的施工手段和方法，以尽早避免发生工程质量事故。

2）测量。测量（度量）是对建筑物的几何尺寸进行控制的重要手段。开工前，承包商要进行施工放样，监理人员应对施工放样及高程控制进行核查，不合格者不准开工。承包商的测量记录，均要事先经监理人员审核签字后才能使用。

3）试验。试验是监理工程师确认各种材料和工程部位的内在品质的主要依据。所有用于工程的材料，都必须事先经过材料试验，并由监理工程师批准。没有试验数据的工程不予验收。

4）指令文件的应用。指令文件也是监理的一种手段。所谓指令文件，如质量问题通知单、备忘录、情况纪要等，是用以指出施工中的各种问题并提请承包商注意。在监理过程中，双方来往都以文字为准。监理工程师通过书面指令和文件对承包商进行质量控制，对施工中已发现或有苗头发生质量问题的情况及时以口头或《现场指示》的形式通知承包商加以注意或修整，然后监理工程师要在规定时间内以《工地指示》的形式予以确认。监理人员要做好《施工监理日记》和必要的记录。所有这些指令和记录，要作为主要的技术资料存档备查，作为今后解决纠纷的重要依据。

一般规定，专业监理工程师要在每月 12 日前向驻地监理工程师提交监理旬报，每月月底前提交《工程质量月报表》。

5）有关技术文件、报告、报表的审核。对质量文件、报告、报表的审核是监理工程师进行全面控制的重要手段。监理工程师应按施工顺序、施工进度和监理计划及时审核和签署有关质量文件、报表，以最快速度判明质量状况、发现质量问题，并将质量信息反馈给施工承包商。

（3）施工阶段质量控制程序。合同项目一般由若干个单位（分项）工程所组成。要想有效地控制合同项目的质量，首先必须控制每一个单位（分项）工程的质量。由此可见，单位（分项）工程质量控制是确保合同项目质量能满足规定要求的基础。

1）审核承包商的《单位（分项）工程开工申请单》。在每个单位工程、分部工程、分项工程施工开始前 48 小时，施工承包商均需填写《单位（分项）工程开工申请单》，并附上施工组织计划、机具设备与技术工人数量、材料及施工机具设备到场情况、各项施工用的建筑材料试验报告，以及分包商的资格证明等，报送监理工程师进行审核。监理工程师在收到《单位（分项）工程开工申请单》后，应在 7 天内会同有关部门检查核实承包商的施工准备工作情况。如果认为满足合同要求和具备施工条件，可签发《单位（分项）工程开工申请单》。承包商在接到签发的《单位（分项）工程开工申请单》后即可开工。如果审核不合格，监理工程师应指出承包商施工准备工作中存在的问题，并要求限期解决，此时，承包商应按照监理工程师所指明的问题，继续做好施工准备，届时再次填报《单位

（分项）工程开工申请单》供审核，或在不影响整体工程进度的情况下，监理工程师要求承包商调整单位（分项）工程开工顺序。

2）现场检查和监理试验室检验。在单位（分项）工程施工过程中，监理工程师除了应检查、帮助、督促承包商的质量保证体系正常运作之外，更应要求承包商严格执行工程质量的“三检制”。当承包商在按图纸规范、合同规定的工艺和技术要求完成每一道工序后，首先应由班组兼职质检员填写初检记录，班组长复核签字。一道工序由几个班组连续施工时，要做好班组交接记录，由完成该道工序的最后一个班组填写初检记录。然后由质检科的专职质检员或施工队的兼职质检员，与施工技术人员一起搞好复检工作，并填写复检意见。搞好施工质量复检，是考核、评定施工班组工作质量的依据，要努力提高一次检查合格率。然后，必须由质检（管）处或施工单位的专职质检员进行终检，并签署终检意见。在终检合格后，由承包商填写《工程质量报验单》并附上自检资料，报请监理工程师进行检查、认证。监理工程师应在商定的时间到现场对每一道工序用目视检测，包括目测、手测、机械检测等方法，逐项进行检查，必要时利用承包商的试验室进行现场抽检。所有的检查结果，均应作详细的记录。对于关键部位，还要进行旁站监理、中间检查和技术复核，以防止质量隐患。对重要部位的施工状况或发现的质量问题，除了作详细记录外，还应采用拍照、录像等手段存档。

3）签发《工程质量合格证》。在现场检查和试验室检验的所有项目均合格之后，监理工程师可签发《工程质量合格证》。承包商可进行下一道施工工序。上一道工序未经监理工程师检查或检查不合格，不得进行下一道工序的施工。如果监理工程师检查不合格，则应令承包商返工。经返工后再经监理工程师检查，合格后签发《工序准予复工通知书》，才能进行下一道工序的施工。如果监理工程师认为必要，也可对承包商已覆盖了的工程质量进行抽检，承包商不得阻碍且必须提供抽查条件。如抽检不合格，应按工程质量事故处理。经局部处理返工或补强加固合格后方可继续施工。对于违反合同规定，未经监理工程师检查，强行覆盖的，将作为违规违约论处。

4）填写《中间交工证书》。在单位（分项）工程完成后，承包商可填写《中间交工证书》，上报监理工程师。监理工程师应汇总、检查该单位（分项）工程中每道工序的各《工程质量合格证》，并将其编号填入《中间交工证书》。

5）组织现场检查。监理工程师在收到承包商的《中间交工证书》并汇总、检查该单位（分项）工程中每道工序的《工程质量合格证》后，应组织业主代表和各有关专业监理工程师以及承包商代表并请质量监督站参加，再次对该单位（分项）工程进行全面的检查，以确定是否具备中间交工的条件。

6）签认《中间交工证书》。经上述检查，如果发现工程质量不合格，监理工程师可签发《不合格工程通知》，要求承包商对不合格的工程予以拆除、更换、修补或返工。如果检查合格，则对该单位（分项）工程予以中间验收，并签认《中间交工证书》。这是单位（分项）工程最后计量支付的基本条件。单位（分项）工程质量控制程序。

#### 4.4.3.3 工序质量控制

工序质量控制是指为达到工序质量要求所采取的作业技术和活动，有时也称为生产活动效果的质量控制。

工序质量控制的任务就是去发现、分析影响质量的制约因素，使之控制在一定范围之内，防止上道工序的不合格品转入下道工序。通过质量控制活动中对工序条件质量的分析和解决，促进直接参与生产活动的有关部门和人员在工作上的协调；同时也促进不直接参加生产活动的有关部门和个人改进本部门和本岗位的工作，提高工作质量，以保证工序条件质量的改善。

1. 工序分析

工序分析就是指找出对工序的关键或重要的质量特性起着支配作用的那些要素的全部活动。工序分析可按三大步骤、八项活动进行。

(1) 应用因果分析图法进行分析，通过分析，在书面上找出支配性要素。该步骤包括五项活动。

1) 选定工序分析的对象。对关键的、重要的工序或根据过去资料认定经常发生问题的工序，可选定为工序分析的对象。

2) 确定参加分析的人员，明确任务，落实责任。

3) 对经常发生质量问题的工序，应掌握现状和问题，确定改善工序质量的目标。

4) 组织会议，应用因果分析图法进行工序分析，找出工序支配性要素。

5) 针对支配性要素拟订对策计划，决定试验方案。

(2) 实施对策计划。该步骤包括活动如下。

按试验方案进行试验，找出质量特性和工序支配性要素之间的关系，经过审查，确定试验结果。

(3) 制订标准，控制支配性要素。该步骤包括活动如下。

1) 将试验核实的支配性要素编入工序质量表，纳入标准或规范，落实责任部门或人员，并经批准。

2) 各部门或有关人员对属于自己负责的支配性要素，按标准规定实行重点管理。

2. 工序质量控制的内容

(1) 确定工序质量控制流程。工序质量控制流程包含两方面内容：一是承包商内部的工序质量控制；二是监理工程师的工序质量控制计划。

监理工程师应首先要求承包商建立、健全其内部的工序质量控制流程，包括上道工序通过本工序到下道工序的交接验收为止的全过程。具体包括对以上各有关工序的交接验收工作、本工序的准备工作、施工工作、本工序质量总结评定工作、对以下各有关工序的交接验收工作等。

(2) 工序分析。通过工序分析，寻找出影响工序质量的关键因素，以实现有效的工序质量控制。

(3) 控制工序活动效果的质量。工序活动效果是评价工序质量是否符合标准的尺度。为此，在进行工序质量控制时，应及时检验工序活动效果的质量，掌握质量动态，一旦发现质量问题，随即研究处理，确保工序活动效果的质量。

(4) 控制工序活动条件。工序活动条件包括的内容较多，主要有施工操作者、机械设备、方法、材料、环境，它们是工序质量控制的对象。监理工程师只有主动地控制工序活动条件的质量，才能达到对工序质量特征值的有效控制。只有找出主要因素，才能达到工序质量控制的目的。

（5）设置质量控制点。对所设置的质量控制点，事先分析可能造成质量隐患的原因，并针对隐患原因，找出对策，采取措施加以预防控制（预控）。

（6）工序质量的预控。当工序仅受偶然性因素制约时，其质量特征值数据的分布具有一定的分布规律，表明工序处于稳定状态；当工序既受偶然性因素制约，又受异常性因素制约时，其质量特征值数据呈现出毫无规律的现象，此时工序处于非稳定状态。因此，通过工序质量检验，就能判断工序处于何种状态。如经分析，结果处于异常状态（非稳定状态），就必须命令承包商停止进入下一道工序。

**4.4.3.4** 工程质量事故分析处理

工程建设中，原则上是不允许出现质量事故的，但一般是很难完全避免的。对于工程建设中出现的质量事故，除非是由监理人员过失或失职所引起，否则监理工程师并不为之承担责任。但是，监理工程师应负责组织质量事故的分析和处理。

1. 工程质量事故及其分类

（1）工程质量事故的内涵。凡水利水电工程在建设中或竣工后，由于设计、施工、材料、设备等原因造成工程质量不符合规程、规范和合同规定的质量标准，影响工程使用寿命或正常运用，一般需作返工或采取补救措施的，统称为工程质量事故。由施工原因造成的返工为施工质量事故。

工程如发生质量事故，往往造成停工、返工，甚至影响正常使用；有的质量事故会不断发展恶化，导致建筑物倒塌，并造成重大人身伤亡事故。这些都会给国家和人民造成不应有的损失。

需要指出的是，不少事故开始时经常只被认为是一般的质量缺陷，容易被忽视。随着时间的推移，待认识到这些质量缺陷问题的严重性时，则往往处理困难，或无法补救，或导致建筑物失事。因此，除了明显不会有严重后果的缺陷外，对其他的质量问题，均应认真分析，进行必要的处理，并作出明确的结论。

（2）工程质量事故特点。由于工程项目建设不同于一般的工业生产活动，其实施的一次性，生产组织特有的流动性、综合性，劳动的密集性及协作关系的复杂性，均易造成工程质量事故，使之更具有复杂性、严重性、可变性及多发性的特点。

1）质量事故的复杂性。为了满足各种特定使用功能的需要，以及适应各种自然环境的需要，建设工程产品的种类繁多，特别是水利水电工程，可以说没有一个工程是相同的。此外，即使是同类型的分项工程，由于地区不同、施工条件不同，可引起诸多复杂的技术问题。尤其需要注意的是，造成质量事故的原因错综复杂，同一形态的质量事故，其原因有时截然不同，因此处理的原则和方法也不同。同时还要注意到，建筑物在使用中也存在各种问题。所有这些复杂的因素，必然导致工程质量事故的性质、危害和处理都很复杂。例如，大坝混凝土的裂缝，原因是很多的，可能是设计不良或计算错误，或温度控制不当，也可能是建筑材料的质量问题，也可能是施工质量低劣以及周围环境变化等诸多原因中的一个或几个造成的。

2）质量事故的严重性。工程质量事故，有的会影响施工的顺利进行，有的会给工程留下隐患或缩短建筑物的使用年限，有的会影响安全甚至不能使用。在水利水电工程中，最为严重的是使大坝崩溃，即垮坝，造成严重人员伤亡和巨大的经济损失。例如，1993年青海省共和县沟后水库的垮坝事件，造成水库下游大量人员伤亡和巨大的经济损失。所以，对已发现的工程质量问题，决不能掉以轻心，务必及时进行分析，作出正确的结论，采取恰当的处理措施，以确保安全。

3）质量事故的可变性。工程中的质量问题多数是随时间、环境、施工情况等而发展变化的。例如，大坝裂缝问题，其数量、宽度、深度和长度，会随着水库水位、气温、水温的变化而变化。又如，土石坝或水闸的渗透破坏问题，开始时一般仅下游出现混水或冒砂，当水头增大时，这种混水或冒砂量会增加，随着时间的推移，土坝坝体或地基，或闸底板下地基内的细颗粒逐步被淘走，形成管涌或流土，最终导致溃坝或水闸失稳破坏。因此，一旦发现工程的质量问题，就应及时调查、分析，对那些不断变化，而可能发展成引起破坏的质量事故，要及时采取应急补救措施；对那些表面的质量问题，要进一步查清内部情况，确定问题性质是否会转化；对那些随着时间、水位和温度等条件变化的质量问题，要注意观测、记录，并及时分析，找出其变化特征或规律，必要时及时进行处理。

4）质量事故的多发性。事故的多发性有两层意思：一是经常发生事故，而成为质量通病。例如混凝土、砂浆强度不足，混凝土的蜂窝、麻面等；二是同类事故重复发生，例如，在混凝土大坝施工中，裂缝常会重复出现。

（3）质量事故的分类。

1）特大质量事故。是指对工程造成较大经济损失或长时间延误工期，经处理后仍对工程正常使用寿命有较大影响的事故。

2）重大质量事故。是指对工程造成重大经济损失或延误较长工期，经处理后虽能保证工程正常使用，但对工程使用寿命有较大影响的事故。

3）较大质量事故。是指对工程造成较大经济损失或延误较短工期，经处理后不影响工程正常使用，但对工程使用寿命有较大影响的事故。

4）一般质量事故。是指对工程造成一定经济损失，经处理后不影响工程正常使用，不影响工程使用寿命的事故。

2. 工程质量事故原因分析

（1）质量事故原因要素。

1）引起事故的直接与间接原因。引发质量事故的原因，常可分为直接原因和间接原因两类。

直接原因主要有人的施工行为不规范和材料、机械的不符合规定状态。例如，设计不符合国家规范，施工人员违反作业规程等；又如水泥的一些指标不符合要求等。

间接原因是指质量事故发生场所外的环境因素，如施工管理混乱，质量检查、监督工作失责，规章制度缺乏等。事故的间接原因，将会导致直接原因的发生。

2）质量事故链及其分析。工程质量事故，特别是重大质量事故，原因往往是多方面的，由单纯一种原因造成的事故很少。如果把各种原因与结果连起来，就形成一条事故链。在质量事故的调查与分析中，都涉及人（操作者等）和物（建筑物、材料等），开始接触到的大多数是直接原因，如果不深入分析和进一步调查，就很难发现间接和更深层的原因，不能找出事故发生的本质原因，就难以避免同类事故的再次发生。因此对一些重大的质量事故，应采用逻辑推理法，通过事故链的分析，追寻事故的本质原因。

（2）造成工程质量事故的原因多种多样，但从整体上考虑，一般原因大致可以归纳为下列几个方面。

1）违反基本建设程序。基本建设程序是项目建设活动的先后顺序，是客观规律的反映，是几十年工程建设正反两方面经验的总结。违反基本建设程序包括违章承接建设项目，违反施工顺序。

2）工程地质勘察失误或地基处理失误。工程地质勘察失误或勘测精度不足，导致勘测报告不详细、不准确，甚至错误，不能准确反映地质的实际情况，因而导致严重质量事故。

3）设计方案和设计计算失误。设计忽略了该考虑的影响因素，或者计算错误，是导致重大质量事故的祸根。如云南省某水电工程，在高边坡处理时，设计者没有充分考虑到地质条件的影响，对明显的节理裂隙重视不够，没有采取必要的工程措施，以致在基坑开挖时，高边坡大滑坡，造成重大质量事故，致使该工程推迟一年多发电，处理质量事故的费用达上亿元。

4）建筑材料及制品不合格。不合格工程材料、半成品、构配件或建筑制品的使用，必然导致质量事故或留下质量隐患。如水泥安定性不合格，强度不足，水泥受潮或过期，水泥标号用错或混用。

5）施工管理失控。施工管理失控，是造成大量质量事故的常见原因。其主要问题如下。

a. 不按图施工。表现在：无图施工；图纸不经审查就施工；不熟悉图纸，仓促施工；不了解设计意图，盲目施工；未经设计或监理同意，擅自修改设计。

b. 不遵守施工规范规定。这方面的问题很多，较常见的表现在：违反材料使用的有关规定，不按规定校验计量器具，违反检查验收的规定。

c. 施工方案和技术措施不当。这方面主要表现在：施工方案考虑不周，技术措施不当，缺少可行的季节性施工措施，不认真贯彻执行施工组织设计。

d. 施工技术管理制度不完善。表现在：没有建立完善的各级技术责任制；主要技术工作无明确的管理制度；技术交底不认真，又不作书面记录或交底不清。

e. 施工人员的问题。表现在：施工技术人员数量不足、技术业务素质不高或使用不当；施工操作人员培训不够、素质不高，对持证上岗的岗位控制不严，违章操作。

3. 工程质量事故分析处理程序与方法

（1）工程质量事故分析处理程序。

1）下达工程施工暂停令。监理工程师（代表）发现质量事故，首先应向施工承包商下达《工程施工暂停令》。通知施工承包商立即停止有质量事故的建设项目的施工，有时与质量事故有关的工程部位也不能继续施工，以免造成更不好的后果。在《工程施工暂停令》中，应明确指明暂停施工的建设项目名称以及原因，还要说明从何时起停工。将上述指令一式三份，通知施工承包商和报业主及质量监督站。与此同时，监理工程师（代表）应指令施工承包商提出质量事故报告。该报告主要说明建设项目的质量事故情况及质量事故的类型、质量事故的原因分析、质量事故处理设计，提出防止类似质量事故的发生和保证工程质量的措施。

2）事故调查。施工承包商在提交质量事故报告前已对事故作了调查，监理工程师若对调查结果有异议，或是重大质量事故，监理工程师应组织调查。主要调查事故的内容、范围、性质，同时还要调查为进行事故原因的分析和确定处理方法所必需的资料。调查一般分为基本调查和补充调查两类。

基本调查是指对建筑物现状和已有资料的调查，主要内容有：质量事故发生的时间和经过，事故发展变化的情况，设计图纸资料的复查与验算，施工情况调查与技术资料调查。

补充调查的主要内容有：补充勘测地基情况，或测定建筑物中所用材料的实际强度与有关性能，或鉴定结构或构件的受力性能等。

3）原因分析。在施工承包商提交的质量事故报告中，虽对质量事故的原因作了分析，但监理工程师若对该分析有异议或是重大质量事故，监理工程师应组织有关人员进行分析。

质量事故的原因分析主要是分清事故的原因、性质、类型及危害程度，并为事故处理和明确事故责任提供依据。因此，质量事故原因分析，是质量事故处理中最重要的工作之一。

4）事故处理和检查验收。对事故进行调查并分析产生的原因后，才能确定事故是否需要处理和如何处理。事故处理一般由施工承包商作出设计，交监理工程师（代表）审查，并经批准后才能实施。事故处理后监理工程师（代表）要对处理结果进行检查验收。

5）下达复工令。监理工程师（代表）对事故处理检查验收并满意后，即可下达“复工指令”。

（2）质量事故处理原则和方法。

1）质量事故处理原则。质量事故发生后，应坚持“三不放过”的原则，即事故原因不查清不放过，事故主要责任者和职工未受到教育不放过，补救措施不落实不放过。

2）质量事故处理方法。对工程施工中出现的质量事故，根据其严重性和对工程影响的大小，可以有两类处理方法。

a. 修补。即通过修补的办法予以补救，这种方法适用于通过修补可以不影响工程的外观和正常运行的质量事故。这一类质量事故在工程施工中是大量的、经常发生的。

b. 返工。对于严重未达到规范或标准，影响到工程使用和安全，且又无法通过修补的方式予以纠正的工程质量事故，必须采取返工的措施。

**4.4.3.5** 案例

**【案例1】**

某项实施监理的钢筋混凝土高层框架结构工程，设计图纸齐全，采用玻璃幕墙，暗设水、电管线。目前，主体结构正在施工。该工程实施监理的主要做法如下：

（1）监理工程师在该工程质量控制方面应审查施工承包方报送的有关工程施工组织措施（或施工方案），其中混凝土工程施工，须包含有以下内容：工程概况、浇筑程序（浇筑作业工序、分缝、分段、分层、分块和止水安装详图等，有预埋件部位还应包括预埋件详图)、浇筑进度（浇筑历时、浇筑方量)、原材料供应计划、混凝土生产（包括配合比、坍落度、浇筑允许间歇时间、拌和时间、外加剂掺量)、施工作业方法（基础面或分缝面处理、分缝、模板、钢筋、预埋件、止水安装，混凝土运输、入仓、振捣、拆模、混凝土养护，有观测仪器埋设要求，有埋设作业内容)、混凝土试块取样组数，设备配置和劳动力组织，质量控制措施和安全措施。监理工程师先审查内容是否齐全，各相关内容是否符合技术规程要求，在实际施工中是否可行，是否能保证对工程施工质量的控制。

(2) 监理工程师对拟使用的原材料进行检查，确认材料出厂证明、质量保证书、技术合格证、材料抽检资料、试验报告是否齐全，是否符合有关技术规范的规定要求。

(3) 进行质量跟踪监理检查，包括预检（模板、轴线、标高等)、隐蔽工程检查（钢筋、管线、预埋件等)、旁站监理，并核对承包商报送的验收项目中，是否符合有关技术规范要求，符合则进行签证；对不符合有关技术规范要求的，责令整改（或返工)，监督检查整改过程，对整改结果再行检查验收，符合要求则办理签证。

(4) 对已浇筑混凝土的工程项目，拆模时间要符合要求，拆模后及时检查现场，发现缺陷，根据缺陷位置及严重程度，确定处理方案。

问题：工程实施监理的主要做法是否妥当?

**【案例 2】**

某单层钢结构厂房，柱距 6m，跨度 30m，钢筋混凝土独立柱基，柱基预埋 6 根 38mm 锚固螺栓。施工单位报审的施工方案合理，得到了监理和业主认可。基础施工完毕后，监理工程师检查轴线尺寸发现有近 10 个基础的 40 根螺栓偏移超标准，柱子无法进行安装。此时安装单位（业主单独发包）的吊车已按合同规定的开工期进场，并已报验，如 10 根柱全部返工重做，将损失 1.5 万元，工期要拖 20 天。监理工程师的处理意见如下。

(1) 监理工程师对此采取的处理程序是事故调查、会议分析、处理、重新检查。

(2) 分析出现上述问题的主要原因是螺栓固定不牢，混凝土振捣造成位移。

(3) 事故责任属于承包方。

(4) 因停工，柱子安装单位推迟 10 天进场，吊车停置损失费 2 万元，应由业主赔偿，监理应作出认可决定。业主应向基础施工单位提出 1.5 万元的索赔。

(5) 该事故处理完成后，形成事故调查报告，重新检查填写评定表、事故处理方案。

(6) 该事故处理方案不需设计人员签字。

(7) 该事故处理返工后，重新检查，符合质量优良标准，该项被评定为优良。

(8) 该事故调查报告包括：工程概况，事故情况，事故调查中的数据、资料，原因的初步分析，事故涉及人员与主要责任者情况。

问题：监理工程师的处理意见是否合理?

**【案例 3】**

1. 背景

某建筑工程项目，在基础混凝土的施工过程中，监理工程师发现质量存在强度不足问题。

2. 问题

(1) 试用因果分析图法对影响质量的大小因素进行分析。

（2）简述工程质量事故处理的程序和基本要求。

（3）简述工程施工阶段隐蔽工程验收的主要项目及内容。

**【案例4】**

1. 背景

在某工程施工过程中，施工方未经监理人员认可订购了一批电缆，等电缆进厂后，监理人员发现存在以下问题。

（1）电缆表面标识不清、外观不良。

（2）缺乏产品合格证、检测证明等资料。

2. 问题

监理人员应如何正确处理上述电缆的质量问题？

**【案例5】**

1. 背景

某监理公司在某工程项目施工过程的质量控制中，监理人员提出了按事前、事中、事后分段进行控制，其内容包括以下几点。

（1）事前控制。①人、机、科、法、环、测得策划准备；②审核开工报告。

（2）事中控制。①施工图纸审查；②施工工序控制及检查；③中间产品控制。

（3）事后控制。①竣工质量检验；②工程质量鉴定文件控制。

2. 问题

（1）事前控制质量的首要工作是什么？

（2）如果施工单位没有一套质量管理的制度，对工程质量管理产生什么影响？

（3）监理应按什么行使质量监督权？

（4）对于施工现场的测量标桩、定位放线，监理应做什么工作？

（5）事中控制中是否有监理要进行亲自复核和取样的工作？举例说明。

（6）完成施工过程后监理应审核哪些质量文件？

**【案例6】**

1. 背景

监理工程师在某工业工程施工过程中尽心质量控制，控制的主要工作内容如下。

（1）协助承包单位完善工序控制。

（2）严格进行工序间的交接检查。

（3）重要的工程部位或专业工程还要监理工程师亲自进行试验或技术核定。

（4）对完成的分项、分部工程按相应的质量检验评定标准和办法进行检查。

（5）审核设计变更和图纸修改。

（6）按合同行使质量监督权。

（7）组织定期或不定期的现场会议协调有关单位间的业务活动。

2. 问题

（1）工序质量控制的内容是什么？

（2）“工序质量交换检查是指前道工序完工以后方可移交给下一道工序”的提法是否正确？

(3) 工程施工预检，即技术复核的主要项目有（　　）。

a. 建筑工程位置　　b. 基础工程　　c. 砌体工程

d. 钢筋混凝土工程　　e. 施工机械　　f. 防水工程

(4) 分项工程质量评定的主要内容是什么？

(5)"单位工程所含分部工程的质量全部合格，则该单位工程质量就为合格的"的提法是否正确？

(6) 按合同行使质量监督权，在哪些情况下，监理工程师有权下达工程开工指令？

(7) 质量控制基本工具和方法主要有（　　）。

a. 直方图法　　b. 排列图法　　c. 因果分析图法

d. 控制图法　　e. 系统图法

(8) 监理工程师在进行质量控制时，应考虑（　　）。

a. 质量第一　　b. 进度　　c. 投资　　d. 决策

### 4.4.4 投资控制

工程建设项目的投资控制，贯穿于建设的各个阶段。投资控制的目的，就是使项目的总投资不大于该项目的计划投资（项目法人所确定的投资目标值），并能确保资金的合理使用，使资金和资源得到最有效的利用。计量支付是施工阶段进行投资控制的关键，承包人施工质量不合格，监理人不签证认可，无质量认可不得计量，未计量不得支付，而且无质量认可承包人不能进行下一道工序，工程就要延期，按合同规定就会引起罚款，所以控制了计量支付，就直接或间接地控制了工期和质量，计量支付是三控制的关键。正因为监理人有计量支付权，才能确定监理人在施工项目管理过程中的核心地位，没有这个权力，投资控制就是一句空话。

#### 4.4.4.1 投资控制概述

1. 工程建设项目投资及投资控制的概念

建设项目投资由设备工器具购置费、建筑安装工程费、工程建设其他费用、预备费(包括基本预备费和价差预备费)、建设期融资利息和固定资产投资方向调节税组成。

建设投资分为静态投资部分和动态投资部分。静态技资部分由建筑安装工程费、设备工器具购置费、工程建设其他费和基本预备费组成。动态技资部分是指在建设期内，因建设期利息建设工程需缴纳的固定资产投资方向调节税，国家新批准的税费，汇率、利率变动以及建设期价格变动引起的建设投资增加额，包括涨价预备费、建设期贷款利息和固定资产投资方向调节税等。其中，固定资产投资方向调节税是对我国境内进行固定资产投资的单位和个人征税，按照国家产业政策和项目经济规模实行差别税率，国家急需发展的项目投资，税率为 0；国家鼓励发展，但受能源、交通等制约的项目投资，税率为 5%；楼堂馆所以及国家严格限制发展的项目投资，课以重税，税率为 30%；对于更新改造的项目投资，实行 0 和 10%两档税率。涨价预备费是指建设项目在建设期间内，由于价格等变化引起工程造价变化的预测预留费用。

建设工程投资控制，就是在投资决策阶段、设计阶段、发包阶段、施工阶段以及竣工阶段，把建设工程投资控制在批准的投资限额以内，随时纠正发生的偏差，以保证项目投资管理目标的实现，以求在建设工程中能合理使用人力、物力、财力，取得较好的投资效益和社会效益。

建设工程投资控制的目标，就是通过有效的投资控制工作和具体的投资控制措施，在满足进度和质量要求的前提下，力求使工程实际投资不超过计划投资。“实际投资不超过计划投资”可能表现为以下几种情况。

（1）在投资目标分解的各个层次上，实际投资均不超过计划投资。这是最理想的情况，是投资控制追求的最高目标。

（2）在投资目标分解的较低层次上，实际投资在有些情况下超过计划投资，在大多数情况下不超过计划投资，因而在投资目标分解的较高层次上，实际投资不超过计划投资。

（3）实际总投资未超过计划总投资，在投资目标分解的各个层次上，都出现实际投资超过计划投资的情况，但在大多数情况下实际投资未超过计划投资。

后两种情况虽然存在局部的超投资现象，但建设工程的实际总投资未超过计划总投资，因而仍然是令人满意的结果。何况，出现这种情况，除了投资控制工作和措施存在一定的问题，有待改进和完善之外，还可能是由于投资目标分解不尽合理所造成的，而投资目标分解绝对合理又是很难做到的。由建设工程投资控制的目标可知，投资控制是与进度控制和质量控制同时进行的，它是针对整个建设工程目标系统所实施控制活动的一个组成部分，在实施投资控制的同时需要满足预定的进度目标和质量目标。因此，在投资控制的过程中，要协调好与进度控制和质量控制的关系，做到三大目标控制的有机配合和相互平衡，而不能片面强调投资控制。

建设工程投资目标控制是全过程控制。所谓全过程，主要是指建设工程实施的全过程，也可以是工程建设全过程。建设工程的实施阶段包括设计阶段（含设计准备）、招标阶段、施工阶段以及竣工验收和保修阶段。在这几个阶段中都要进行投资控制，但从投资控制的任务来看，主要集中在前三个阶段。

建设工程投资目标控制还是全方位控制。对投资目标进行全方位控制，包括两种含义：一是对按工程内容分解的各项投资进行控制，即对单项工程、单位工程，乃至分部工程的投资进行控制；二是对按总投资构成内容分解的各项费用进行控制，即对建筑安装工程费、设备和工器具购置费以及工程建设其他费等都要进行控制。通常，投资目标全方位控制是指对建筑安装工程费、设备和工器具购置费以及工程建设其他费等都要进行控制。

2. 建设工程投资的特点

建设工程投资的特点如下。

（1）建设工程投资数额大。

（2）建设工程投资差异明显。

（3）建设工程投资需单独计算。

（4）建设工程投资的确定依据复杂。

（5）建设工程投资的确定层次繁多。

（6）建设工程投资需动态跟踪调整。

3. 建设工程投资目标控制的任务

建设工程投资控制是监理人的一项主要任务，投资控制贯穿于工程建设的各个阶段，也贯穿于监理工程的各个环节。在建设工程的实施阶段中，施工阶段的持续时间长、工作内容多，所以各个阶段投资控制的任务是不同的。

（1）建设前期阶段。在本阶段进行工程项目的机会研究、初步可行性研究，编制项目建议书，进行可行性研究，对拟建项目进行市场调查和预测，编制投资估算，进行环境影响评价、财务评价、国民经济评价和社会评价。

（2）设计阶段。本阶段是监理工程师投资控制的主要工作，包括通过收集类似建设工程投资数据和资料，协助业主制定建设工程投资目标规划，对建设工程总投资进行论证，确认其可行性；组织设计方案竞赛或设计招标，开展技术经济分析等活动，协助业主确定对投资控制有利的设计方案；伴随着设计各阶段成果制定建设工程投资目标划分系统，为本阶段和后续阶段投资控制提供依据；在保障设计质量的前提下，协助设计单位开展限额设计工作，力求使设计投资合理化；编制本阶段资金使用计划，并进行付款控制；审查工程概算、预算，提出改进意见，优化设计，在保障建设工程具有安全可靠性、适用性的基础上，概算不超过估算，预算不超过概算；进行设计挖潜，节约投资；对设计进行技术经济分析、比较、论证，寻求一次性投资较少的设计方案，最终满足业主对建设工程投资的经济性要求。

（3）施工阶段。完成施工阶段投资控制的任务，监理工程师应做好以下工作：制定本阶段资金使用计划，并严格进行付款控制，做到不多付、不少付、不重复付；严格控制工程变更，力求减少变更费用；研究确定预防费用索赔的措施，以避免、减少对方的索赔数额；及时处理费用索赔，并协助业主进行反索赔；挖掘节约投资潜力来努力实现实际发生的费用不超过计划投资；根据有关合同的要求，协助做好应由业主方完成的，与工程进展密切相关的各项工作，如按期提交合格施工现场，按质、按量、按期提供材料和设备等工作；做好工程计量工作；审核施工单位提交的工程结算书等。

#### 4.4.4.2 投资控制案例

**【案例1】**

1. 背景

某工程项目，项目法人与某施工单位签订了施工合同，合同总价为9000万元，总工期为30个月，工程分两期进行竣工验收，第一期为18个月，第二期为12个月。工程开工后，从第3个月开始连续4个月，项目法人未支付应支付给承包人的工程进度款。为此，承包人向发包人发出要求付款通知，并提出对拖延支付的工程进度款应计入利息的要求，其数额从监理人计量签字后第11天起计息。发包人以该4个月未支付工程款作为偿还预付款而予以抵消为由，拒绝支付。为此，承包人以发包人违反合同中关于预付款扣还的规定，以及拖欠工程款导致无法继续施工为由而停止施工，并要求发包人承担违约责任。

2. 问题

作为一个监理人应当如何正确处理？

**【案例2】**

1. 背景

某快速干道工程，工程开工、竣工时间分别为当年4月1日、9月30日。业主根据该工程的特点及项目构成情况，将工程分为三个标段。其中第三标段造价为4150万元，第三标段中的预制构件由甲方提供（直接委托构件厂生产）。

A监理公司承接了第三标段的监理任务，委托监理合同中约定期限为190天，金额为60万元。但实际上，由于非监理方原因导致监理时间延长了25天。经协商，业主同意支付由于时间延长而发生的附加工作报酬。

（1）请计算此附加工作报酬值（保留小数点后2位）。

（2）为了做好该项目的投资控制工作。监理工程师明确了如下投资控制的措施。

1）编制资金使用计划，确定投资控制目标。

2）进行工程计量。

3）审核工程付款申请，签发付款证书。

4）审核施工单位编制的施工组织设计，对主要施工方案进行技术经济分析。

5）对施工单位报送的单位工程质量评定资料进行审核和现场检查，并予以确认。

6）审查施工单位现场项目管理机构的技术管理体系和质量保证体系。

2. 问题

请说出以上措施中哪些不是投资控制的措施。

**【案例3】**

1. 背景

某实施监理的工程项目，采用以直接费为计算基础的全费用单价计价。混凝土分项工程的全费用单价为446元/$m^3$，直接费为350元/$m^3$，间接费费率为12%，利润率为10%，营业税税率为3%，城市维护建设税税率为7%，教育费附加费费率为3%。施工合同约定：工程无预付款；进度款按月结算；工程量以监理工程师计量的结果为准，工程保留金按工程进度款的3%逐月扣留；监理工程师每月签发进度款的最低限额为25万元。

施工过程中，按建设单位要求设计单位提出了一项工程变更，施工单位认为该变更使混凝土分项工程量大幅减少，要求对合同中的单价作相应调控。建设单位则认为应按原合同定价执行，双方意见分歧，要求监理单位调解。经调解，各方达成如下共识：若最终减少的该混凝土分项工程量超过原先计划工程量的15%，则该混凝土分项的全部工程执行新的全费用单价，新全费用单价间接费和利润调整系数分别为1.1和1.2，其余数据不变。该混凝土分项工程的计划工程量和经专业监理工程师计量的变更后实际工程量见表4.2。

**表4.2　计划工程量和实际工程量**

| 月份 | 1 | 2 | 3 | 4 |
|---|---|---|---|---|
| 计划工程量/$m^3$ | 500 | 1200 | 1300 | 1300 |
| 实际工程量/$m^3$ | 500 | 1200 | 700 | 800 |

2. 问题

（1）如果建设单位和施工单位未能就工程变更的费用等达成协议，监理单位应如何处理？该项工程税款最终结算时应以什么为依据？

（2）监理单位在收到争议调解要求后如何进行处理？

（3）每月的工程付款是多少？总监理工程师签发的实际付款金额是多少？

### 4.4.5 信息管理

#### 4.4.5.1 信息管理概述

1. 建设工程信息管理的概念

工程建设项目的信息管理，是指以工程建设项目作为目标系统的管理信息系统。它通过对工程建设项目建设监理过程的信息的采集、加工和处理，为监理工程师的决策提供依据，对工程的投资、进度、质量进行控制，同时也作为确定索赔的内容、金额和反索赔提供确凿的事实依据。因此，信息管理是监理工作的一项重要内容。

2. 信息管理的任务

信息管理是指信息的收集、加工整理、传递、存储、应用等工作的总称。根据工程建设投资大、工期长、工艺复杂、质量要求高、各分部分项工程合同多、使用机械设备及材料数量大要求高的特点，信息管理采取人工决策和计算机辅助管理相结合的手段，特别是利用先进的信息存储、处理设备及时准确地收集、处理、传递和存储大量的数据，并进行工程进度、质量、投资的动态分析，达到工程监理的高效、迅速、准确。

3. 监理信息的类型

建设监理过程中涉及大量的信息，依据不同的标准可以分为下列几类。

（1）按照建设监理的目的划分。

1）投资控制信息。投资控制信息是指与投资控制直接有关的信息，如各种估算指标、类似工程的造价、物价指数、概算定额、工程项目投资估算、设计概算、合同价、工程报价表、币种汇率、利率、保险、施工阶段的支付账单、原材料价格、机械设备台班费、人工费、运杂费等。

2）质量控制信息。如国家有关的质量政策及质量标准、项目建设标准、质量目标的分解结果、质量控制工作流程、质量控制的工作制度、质量控制的风险分析、质量抽样检查的数据等。

3）进度控制信息。如施工定额、项目总进度计划、关键线路和关键工作、进度目标分解、里程碑路标、进度控制的工作流程、进度控制的工作制度、进度控制的风险分析、某段时间的进度记录等。

（2）按照建设监理信息的来源划分。

1）项目内部信息。内部信息取自建设项目本身，如工程概况、设计文件、施工方案、合同文件、合同管理制度、信息资料的编码系统、信息目录表、会议制度、监理班子的组织、项目的投资目标、质量目标、进度目标、施工现场管理、交通管理等。

2）项目外部信息。来自项目外部环境的信息称为外部信息。如国家有关的政策、法规及规章、国内及国际市场上原材料及设备价格、物价指数、类似工程造价、类似工程进度、投标单位的实力、投标单位的信誉、毗邻单位情况与主管部门、当地政府的有关信息等。

（3）按照信息的稳定程度划分。

1）固定信息。固定信息是指在一定时间内相对稳定不变的信息，这类信息又可分为三种。

a. 标准信息。这主要是指各种定额和标准，如施工定额、原材料消耗定额、生产作业计划标准、设备和工具的耗损程度等。

b. 计划信息。这是指在计划期内拟定的各项指标情况。

c. 查询信息。这是指在一个较长的时期内，很少发生变更的信息，如国家和专业部门颁发的技术标准、不变价格、监理工作制度、监理实施细则等。

2）流动信息。流动信息是指在不断地变化着的信息。如项目实施阶段的质量、投资及进度的统计信息，它反映在某一时刻项目建设的实际进度及计划完成情况。再如，项目实施阶段的原材料消耗量、机械台班数、人工工日数等，都属于流动信息。

（4）按照信息的层次划分。

1）战略性信息。指有关项目建设过程的战略决策所需的信息，如项目规模、项目投资总额、建设总工期、承包商的选定、合同价的确定等信息。

2）策略性信息。供有关人员或机构进行短期决策用的信息，如项目年度计划、财务计划等。

3）业务性信息。指各业务部门的日常信息，如日进度、月支付额等。这类信息是经常的，也是大量的。

4. 监理信息的特点

建设工程监理信息除具有信息的一般特征外，还具有一些自身的特点。

（1）信息来源的广泛性。建设工程监理信息来自工程业主（建设单位）、设计单位、施工承包单位、材料供应单位及监理组织内部各个部门；来自可行性研究、设计、招标、施工及保修等各个阶段中的各个单位乃至各个专业；来自质量控制、投资控制、进度控制、合同管理等各个方面。由于监理信息来源的广泛性，往往给信息的收集工作造成很大困难。如果信息收集的不完整、不准确、不及时，必然会影响到监理工程师判断和决策的正确性、及时性。

（2）信息量大。由于工程建设规模大、牵涉面广、协作关系复杂，使得建设工程监理工作涉及大量的信息。监理工程师不仅要了解国家及地方有关的政策、法规、技术标准规范，而且要掌握工程建设各个方面的信息。既要掌握计划的信息，又要掌握实际进度的信息，还要对它们进行对比分析。因此，监理工程师每天都要处理成千上万的数据，而这样大的数据量单靠人手工操作处理是极困难的，只有使用电子计算机才能及时、准确地进行处理，才能为监理工程师的正确决策提供及时可靠的支持。

（3）动态性强。工程建设的过程是一个动态过程，监理工程师实施的控制也是动态控制，因而大量的监理信息都是动态的，这就需要及时地收集和处理。

（4）有一定的范围和层次。业主委托监理的范围不一样，监理信息也不一样。监理信息不等同于工程建设信息。工程建设过程中，会产生很多信息，这些信息并非都是监理信息，只有那些与监理工作有关的信息才是监理信息。不同的工程建设项目，所需的信息既有共性，又有个性。另外，不同的监理组织和监理组织的不同部门，所需的信息也不同。

（5）信息的系统性。建设工程监理信息是在一定时空内形成的，与建设工程监理活动密切相关。而且，建设工程监理信息的收集、加工、传递及反馈是一个连续的闭合环路，具有明显的系统性。

5. 建设项目信息的作用

建设项目信息资源对工程建设的监理活动产生巨大影响，其主要作用主要有以下几个方面。

（1）信息是建设项目管理不可缺少的资源。工程建设项目的建设过程，实际上是人、财、物、技术、设备等资源投入的过程，而要高效、优质、低耗地完成工程建设任务，必须通过信息的收集、加工、处理和应用实现对上述资源的规划和控制。项目管理的主要功能就是通过信息的作用来规划、调节上述资源的数量、方向、速度和目标，使上述资源按照一定的规划运动，实现工程建设的投资、进度和质量目标。

（2）信息是监理人员实施控制的基础。控制是建设项目管理的主要手段。控制的主要任务是将计划目标与实际目标进行分析比较，找出差异和产生问题的原因，采取措施排除和预防偏差，保证项目建设目标的实现。为有效地控制项目的三大目标，监理工程师应当掌握项目建设的投资、进度和质量目标的计划值和实际值。只有掌握了这两方面的信息，监理工程师才能实施控制工作。因此，从控制角度讲，如果没有信息，监理工程师就无法实施正确的监督。

（3）信息是进行项目决策的依据。建设项目管理决策正确与否，直接影响工程建设项目建设总目标的实现，而影响决策正确与否的主要因素之一就是信息。如果没有可靠、正确的信息作依据，监理工程师就不能作出正确的决策。如施工阶段对工程进度款的支付，监理工程师只有在掌握有关合同规定及实际施工状况等信息后，才能决定是否支付或支付多少等。因此，信息是项目正确决策的依据。

（4）信息是监理工程师协调工程建设项目各参与单位之间关系的纽带。工程建设项目涉及众多的单位，如上级主管政府部门、建设单位、监理单位、设计单位、施工单位、材料设备供应单位、交通运输、保险、外围工程单位（水、电、通信等）和税务部门等，这些单位都会对工程建设项目目标的实现带来一定影响。要使这些单位协调一致，就必须通过信息将他们组织起来，处理好各方面的关系，协调好它们之间的活动，实现建设目标。

总之，信息渗透到建设监理工作的各个方面，是建设监理活动不可缺少的要素。同其他资源一样，信息是十分重要和宝贵的资源，必须充分地开发和利用。

6. 信息管理的内容和方法

建设项目信息管理主要包括以下四项内容：明确项目信息流程；建立项目信息编码系统；建立健全项目信息收集制度；利用高效的信息处理手段处理项目信息。

（1）明确建设项目监理工作信息流程。建设项目监理工作信息流程反映了工程建设项目建设过程中，各参与单位、部门之间的关系。为保证建设项目管理工作的顺利进行，监理人员应首先明确建设项目信息流程，使项目信息在建设项目管理机构内部上下级之间及项目管理组织与外部环境之间的流动畅通无阻。

建设项目信息流结构如图 4.12 所示，它反映了工程建设项目设计单位、物资供应单位、施工单位、建设单位和工程监理组织之间的关系。

建设项目管理组织内部存在着三种信息流，这三种信息流要畅通无阻，以保证项目管理工作的顺利实施。

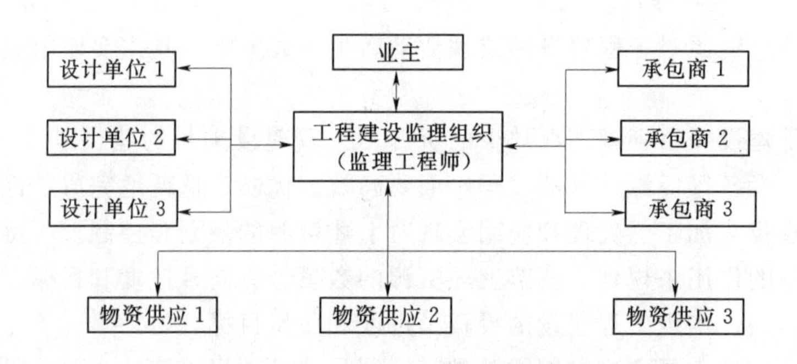


图 4.12　建设项目信息流结构图

（2）建立建设项目信息编码系统。建设项目信息编码也称代码设计，它是给事物提供一个概念清楚的标识，用以代表事物的名称、属性和状态。代码有两个作用：一是便于对数据进行存储、加工和检索；二是可以提高数据的处理效率和精度。此外，对信息进行编码，还可以大大节省存储空间。

（3）监理信息的收集。工程项目建设的每一个阶段都要产生大量的信息。但是，要得到有价值的信息，只靠自发产生的信息是远远不够的，还必须根据需要进行有目的、有组织、有计划的收集，才能提高信息质量，充分发挥信息的作用。

收集信息是运用信息的前提。各种信息一经产生，就必然会受到传输条件和人们的思想意识及各种利益关系的影响。所以，信息有真假、虚实、有用无用之分。监理工程师要取得有用的信息，必须通过各种渠道，采取各种方法收集信息，然后经过加工、筛选，从中选择出对决策有用的信息，没有足够的信息作依据，决策就会产生失误。

（4）建设项目信息处理。建设项目信息处理一般包括信息的收集、加工整理、传输、存储、检索和输出六项内容。

#### 4.4.5.2　信息管理案例

**【案例 1】**

1. 背景

某业主开发建设一栋 24 层综合办公写字楼，委托 A 监理公司进行监理，经过施工招标，业主选择了 B 建筑公司承担工程施工任务。B 建筑公司拟将桩基工程分包给 C 地基基础工程公司，拟将暖通、水电工程分包给 D 安装公司。

在总监理工程师组织的监理工作会议上，总监理工程师要求大家在 B 建筑公司进入施工现场到工程开工这一段时间内，要熟悉有关资料，认真审核施工单位提交的有关文件、资料等。

2. 问题

（1）在这段时间内监理工程师应熟悉哪些主要资料？

（2）监理工程师应重点审核施工单位的哪些技术文件与资料？

**【案例 2】**

1. 背景

业主贷款建一综合大楼工程，贷款年利率为 12%，银行给出两个还款方案，甲方案为第 5 年末一次偿还 5000 万元；乙方案为第 3 年末开始偿还，连续 3 年每年末偿还 1500 万元。业主要求承包商加快施工进度，如提前见效益，奖承包商 50 万元，并签有协议。承包商擅自使用某整体提升脚手架专利，并向别人推广使用，收取费用，造成侵权，引起纠纷，法院判决承包商赔偿专利权人 60 万元。

结果工期提前，提前产生效益，但业主以承包商侵权引起纠纷为由，拒付奖金 50 万元。

2. 问题

(1) 业主要求监理工程师核算一下，哪种还款方案更优？

(2) 承包商若不向别人推广某整体提升脚手架并收费，就不是侵权，不应赔偿，这种说法对吗？

(3) 业主拒付奖金的行为恰当吗？

**【案例 3】**

1. 背景

某被监理工程，施工单位进场后进行施工准备，开工前向监理提交了施工组织设计和基础工程施工方案。监理工程师审核后，分析了施工方案可能出现的后果，提出了修改意见，然后以书面形式回复施工单位并报甲方。

2. 问题

(1) 施工单位认为监理方建议合理，同意修改原施工方案，同时申请开工，监理方应如何按程序办理？

(2) 开工后，监理工程师发现施工单位并没有按新施工方案进行施工，现场组织不力，监理工程师应如何执行合同？

(3) 施工单位坚持按原施工方案进行施工，施工质量明显不符合规范要求，此时监理工程师应如何行使权力，处理问题？

### 4.4.6 监理实训

## 监理实训指导书

实训作用及目的：工程监理是一门理论性非常强的学科，在水利水电工程技术专业学习的过程中占着非常重要的地位。通过实训，学生将工程建设监理的理论及相关法规运用于工程实际，为今后工作打下坚实的基础。

实训方法：讲授、参观实习、视频。

实训内容：1. 掌握建设工程监理的相关法律法规。
2. 掌握建设工程监理的三大控制。
3. 熟悉各阶段建设工程监理工作流程。
4. 熟悉各阶段监理工作内容。
5. 了解常见质量通病及防治措施。
6. 会进行监理相关案例分析。

实训重点：1. 建设工程监理的相关法律法规。
2. 各阶段建设工程监理工作流程及工作内容。

实训场地：教室、施工现场。

实训过程：1. 熟悉实训任务。

2. 分组（约 10 人为一组）。

3. 布置任务。

4. 要求。

(1) 实训报告（约 5000 字左右，每人交一份）。

(2) 实训报告撰写用碳素墨水或蓝黑墨水。

(3) 叙述清楚，字迹工整，不乱改乱涂。

(4) 实训报告中的表格应有表头及表格编号。

(5) 实训报告应编写目录和页码。

实训时间及进度安排：共两周，其中：第一部分：4 天，第二部分：6 天，第三部分：2 天，报告撰写：2 天。

## 第一部分　建设工程监理相关理论

1. 复习建设工程监理的相关法律法规。

2. 复习各阶段建设工程监理工作流程及工作内容。

3. 建设工程监理的"三控制"及"二管理"。

4. 熟悉各阶段常见质量通病及防治措施。

## 第二部分　参观实习建筑施工现场

1. 参观实习建筑施工现场的目的：

通过参观实习建筑工地，使我们对所学知识有一个感性的认识，对在建工程的概貌有一个初步的了解，增强学生学习的兴趣。具体目的是：

(1) 通过参观实习在建工程，进一步提高学生对建筑材料的认识，巩固安全管理和建设工程监理理论知识，提高学生学习的积极性。

(2) 通过参观实习，运用自己的认识品评在建工程的优缺点，分析监理中存在的问题，提高自身的观察能力和观赏水平，为下面的工程打下基础。

(3) 通过参观实习，培养学生劳动的观点，发扬理论联系实际的作风，为今后从事生产技术管理工作奠定基础。

2. 参观实习场地：校内在建工程所在施工工地

3. 进入施工现场对学生的要求：

(1) 戴好安全帽。

(2) 服从老师安排，遵守作息时间。

(3) 服从施工现场技术管理人员的指挥和安排。

(4) 严禁擅自离开实习岗位。

(5) 严禁在施工现场打闹和其他不文明的行为。

(6) 严禁擅自触摸任何开关。

(7) 严格遵守施工现场各项制度。

(8) 注意观察周围环境，保护自身安全。

(9) 认真细致，做好笔录。

## 第三部分　监理案例分析

**【案例1】**

1. 背景

某监理公司实施施工阶段全过程监理的某一项目，当地规划部门批准建20层，而业主按其省级主管部门（计经委）批文及施工图纸建24层，当施工到达21层楼面时，当地建设主管部门要求业主管停施工，待批准后再继续施工，其间停工1.5个月。

2. 问题

(1) 向施工单位发停工令和复工令应由（　　）签发。

a. 建设单位（业主）

b. 当地规划部门

c. 监理单位

d. 业主上级主管部门

e. 建设单位与监理单位会同

(2) 施工单位向业主提出停工索赔要求可包括哪些?

(3) 在施工单位提出的索赔费用清单中，机械停工损失按机械台班单价计算，人工窝工按日工资单价计算，周转材料按日租费计算，是否合理，为什么? 试述合理计算法。

(4) 监理工程师处理索赔的主要依据是什么? 监理工程师要求施工单位提供或自己应准备哪些资料?

**【案例2】**

1. 背景

某工程，建设单位通过公开招标与甲施工单位签订了施工总承包合同，依据合同，甲施工单位通过招标将钢结构工程分包给乙施工单位。施工过程中发生了下列事件：

事件一：甲施工单位项目经理安排技术员兼施工现场安全员，并安排其负责编制深基坑支护（基坑深度超过5m）与降水工程专项施工方案，项目经理对该施工方案进行安全验算后，即组织现场施工，并将施工方案及验算结果报送项目监理机构。

事件二：乙施工单位采购的特殊规格钢板，因供应商未能提供出厂合格证明，乙施工单位按规定要求进行了检验，检验合格后向项目监理机构报验。为不影响工程进度，总监理工程师要求甲施工单位在监理人员的见证下取样复检，复验结果合格后，同意该批钢板进场使用。

事件三：为满足钢结构吊装施工的需要，甲施工单位向设备租赁公司租用了一台大型起重塔吊，委托一家有相应资质的安装单位进行塔吊安装。安装完成后，由甲、乙施工单位对该塔吊共同进行验收，验收合格后投入使用，并到有关部门办理了登记。

事件四：钢结构工程施工中，专业监理工程师在现场发现乙施工单位使用的高强螺栓未经报验，存在严重的质量隐患，即向乙施工单位签发了《工程暂停令》，并报告了总监理工程师。甲施工单位得知后也要求乙施工单位立刻停工整改。乙施工单位为赶工期，边施工边报验，项目监理机构及时报告了有关主管部门。报告发出的当天，发生了因高强螺栓不符合质量标准导致的钢梁高空坠落事故，造成一人重伤，直接经济损失4.6万元。

2. 问题

(1) 指出事件一中甲施工单位项目经理做法的不妥之处，写出正确做法。

(2) 事件二中，总监理工程师的处理是否妥当？说明理由。

(3) 指出事件三中塔吊验收中的不妥之处。

(4) 指出事件四中专业监理工程师做法的不妥之处，说明理由。

(5) 事件四中的质量事故，甲施工单位和乙施工单位各承担什么责任？说明理由。监理单位是否有责任？说明理由。

**【案例 3】**

1. 背景

某施工单位承包了一供水工程项目，合同条件采用《水利水电土建工程施工合同条件》。在合同实施中，由承包人采购使用的砂子不合格影响混凝土工程质量，监理人立即发出通知，要求承包人停止使用不合格的砂子，并要求提出补救措施。

2. 问题

(1) 承包人接到监理人的警告通知后，认为混凝土试样的平均强度指标达到了合同要求，只是保证率比规范要求低，由于工期紧，更换砂场费用高又对工期影响大，申请继续使用。监理人是否应予同意？

(2) 在监理人发出书面警告后的第 30 天，施工单位仍未采取任何有效补救措施，仍然使用不合格材料，监理人应采取哪些合同措施？

(3) 最终，承包人提出了更换砂场的方案，并对已完成的不合格工程部位提出了处理方案并得到了监理人的同意。但同时承包人提出由此造成的工期延误和费用损失应由发包人补偿，其理由是：承包人原有使用的砂子已按合同规定进行了检验并且得到了监理人的同意。你认为承包人的观点是否正确？请说明理由。

(4) 按照《水利水电工程建设项目施工监理规范》规定，监理应对混凝土进行平行检测。试问检测数量如何确定？检验费用由哪方负担？

(5) 为了保证工程质量，发包人决定在合同规定的检验基础上，增加混凝土取芯检验，并通过监理人指示承包人。你认为承包人是否有权拒绝进行检验？检验费用的承担如何确定？

**【案例 4】**

1. 背景

监理人在施工过程中，利用法律和行政手段按照事前、事中和事后分阶段进行控制，事中控制的主要工作内容有：

(1) 审查施工承包人提交的施工组织设计。(事前)

(2) 严格工序交接检验。

(3) 隐蔽工程检验。

(4) 对工程质量进行最终评定。(质量监督机构)

(5) 负责质量签证。

(6) 组织质量专题会，及时分析、处理质量问题等。

(7) 审核竣工资料文。(事后)

2. 问题

(1) 分别指出上述内容有错误的地方，为什么？

(2) 监理人进行质量控制的依据有哪些？

**【案例5】**

1. 背景

某土方开挖工程计划50天完成，工程量为10000m$^3$。经监理工程师同意的承包方的施工进度计划为以每天开挖200m$^3$的均衡进度施工。由于天气原因使开工时间推迟了10天时间。

2. 问题

(1) 请绘制以工程量表示的工程进度曲线。

(2) 为了保证开挖工程按期完成，经分析确定原施工方案能以增加生产能力25%的速度赶工作业，试说明该赶工作业能否保证按原计划工期完工。

# 学习情景5 合 同 管 理

## 5.1 学 习 目 标

### 5.1.1 知识目标

学生通过学习，了解建设工程合同的概念、特点，专业合同（勘察设计合同、施工合同、施工合同、工程监理合同）及其示范文本的组成。熟悉构成专业合同的文件和优先解释顺序；建设施工合同通用条款的主要内容；建设主体各方对建设工程施工合同的管理。掌握订立合同的条件和程序及注意事项。

### 5.1.2 能力目标

学生通过学习，能够有效地将所学理论、技术和方法应用于分析、解决建设工程合同订立、履行过程中合同管理主要问题及相关问题，具备独立编制主要专业合同文件的能力。

## 5.2 学 习 任 务

了解工程合同管理的概念、特点、基本内容、专业合同及其示范文本的组成，熟悉订立合同的条件和程序及注意事项，根据项目的特点和要求掌握设计任务委托模式和施工任务承包模式（合同结构）、选择合同文本、掌握合同计价方法和支付方法、合同履行过程的管理与控制、合同索赔以及合同管理方法等。

## 5.3 任 务 分 析

工程承包合同管理指工程承包合同双方当事人在合同实施过程中自觉地、认真严格地遵守所签订的合同的各项规定和要求，行使各自的权力、履行各自的义务、维护各自的权利，发扬协作精神，处理好“伙伴关系”，做好各项管理工作，使项目目标得到完整的体现。

1. 承包合同管理期限长

由于工程承包活动是一个渐进的过程，工程施工工期长，这使得承包合同生命周期长。它不仅包括施工期，而且包括招标投标和合同谈判以及保修期，所以一般至少2年，长的可达5年或更长的时间。合同管理必须在从领取标书直到合同完成并失效的时间内连续地、不间断地进行。

2. 合同管理的效益性

由于工程价值量大、合同价格高，使合同管理的经济效益显著。合同管理对工程经济效益影响很大。合同管理得好，可使承包商避免亏本，赢得利润，否则，承包商要蒙受较大的经济损失。这已为许多工程实践所证明。对于正常的工程，合同管理成功和失误对工程经济效益产生的影响之差能达工程造价的20%。合同管理中稍有失误即会导致工程亏本。

3. 合同管理的动态性

由于工程过程中内外的干扰事件多，合同变更频繁。常常一个稍大的工程，合同实施中的变更能有几百项。合同实施必须按变化了的情况不断地调整，因此，在合同实施过程中，合同控制和合同变更管理显得极为重要，这要求合同管理必须是动态的。

4. 合同管理的复杂性

合同管理工作极为复杂、繁琐，是高度准确和精细的管理。其原因如下。

(1) 现代工程体积庞大，结构复杂，技术标准、质量标准高，要求相应的合同实施的技术水平和管理水平高。

(2) 现代工程合同条件越来越复杂。这不仅表现在合同条款多，所属的合同文件多，而且与主合同相关的其他合同多。例如在工程承包合同范围内可能有许多分包、供应、劳务、租赁、保险合同。它们之间存在极为复杂的关系，形成一个严密的合同网络。

(3) 工程的参加单位和协作单位多。即使一个简单的工程就涉及业主、总包、分包、材料供应商、设备供应商、设计单位、监理单位、运输单位、保险公司、银行等十几家甚至几十家单位。各方面责任界限的划分，在时间上和空间上的衔接和协调极为重要，同时又极为复杂和困难。

(4) 合同实施过程复杂，从购买标书到合同结束必须经历许多过程。签约前要完成许多手续和工作；签约后进行工程实施，有许多次落实任务，检查工作，会办，验收。要完整地履行一个承包合同，必须完成几百个甚至几千个相关的合同事件，从局部完成到全部完成。在整个过程中，稍有疏忽就会导致前功尽弃，造成经济损失。所以必须保证合同在工程的全过程和每一个环节上都顺利实施。

(5) 在工程施工过程中，合同相关文件、各种工程资料汗牛充栋。在合同管理中必须取得、处理、使用、保存这些文件和资料。

5. 合同管理的风险性

(1) 由于工程实施时间长，涉及面广，受外界环境的影响大，如经济条件、社会条件、法律和自然条件的变化等。这些因素承包商难以预测，不能控制，但都会妨碍合同的正常实施，造成经济损失。

(2) 合同本身常常隐藏着许多难以预测的风险。由于建筑市场竞争激烈，不仅导致报价降低，而且业主常常提出一些苛刻的合同条款，如单方面约束性条款和责权利不平衡条款，甚至有的发包商包藏祸心，在合同中用不正常手段坑人。承包商对此必须有高度的重视，并有对策，否则必然会导致工程失败。

6. 合同管理的特殊性

合同管理作为工程项目管理一项管理职能，有它自己的职责和任务。但它又有其特殊性。

(1) 由于它对项目的进度控制、质量管理、成本管理有总控制和总协调作用，所以它又是综合性的、全面的、高层次的管理工作。

（2）合同管理要处理与业主、与其他方面的经济关系，所以它又必须服从企业经营管理，服从企业战略，特别在投标报价、合同谈判、合同执行战略的制定和处理索赔问题时，更要注意这个问题。

# 5.4 任 务 实 施

## 5.4.1 合同基础知识

### 5.4.1.1 建设工程合同的概念及特征

1. 建设工程合同的概念

根据《合同法》第269条规定：建设工程合同是指承包人进行工程建设、发包人支付价款的合同。建设工程合同包括工程勘察、设计、施工合同。建设工程实行监理的，发包人也应与监理人订立委托监理合同。

建设工程合同是一种诺成合同，合同订立生效后双方应当严格履行。同时建设工程合同也是一种双务、有偿合同，当事人双方在合同中都有各自的权利和义务，在享有权利的同时必须履行义务。建设工程合同的双方当事人分别称为承包人和发包人。承包人是指在建设工程合同中负责工程的勘察、设计、施工任务的一方当事人，承包人最主要的义务是进行工程建设，即进行工程的勘察、设计、施工等工作。发包人是指在建设工程合同中委托承包人进行工程的勘察、设计、施工任务的建设单位（或业主、项目法人），发包人最主要的义务是向承包人支付相应的价款。

由于建设工程合同涉及的工程量通常较大，履行周期长，当事人的权利、义务关系复杂，因此，《合同法》第270条明确规定，建设工程合同应当采用书面形式。

2. 建设工程合同的特征

（1）合同主体的严格性。建设工程的主体一般只能是法人，发包人、承包人必须具备一定的资格，才能成为建设工程合同的合法当事人，否则，建设工程合同可能因主体不合格而导致无效。发包人对需要建设的工程，应经过计划管理部门审批，落实投资计划，并且应当具备相应的协调能力。承包人是有资格从事工程建设的企业，而且应当具备相应的勘察、设计、施工等资质，没有资格证书的，一律不得擅自从事工程勘察、设计业务；资质等级低的，不能越级承包工程。

（2）形式和程序的严格性。一般合同当事人就合同条款达成一致，合同即告成立。不必一律采用书面形式。建设工程合同由于履行期限长、工作环节多、涉及面广，应当采取书面形式，双方权利、义务应通过书面合同形式予以确定。此外由于工程建设对于国家经济发展、公民工作生活有重大影响，国家对建设工程的投资和程序有严格的管理程序，建设工程合同的订立和履行也必须遵守国家关于基本建设程序的规定。

（3）合同标的的特殊性。建设工程合同的标的是各类建筑产品，建设产品是不动产，与地基相连，不能移动，这就决定了每项工程的合同的标的物都是特殊的，相互间不同并且不可替代。另外，建筑产品的类别庞杂，其外观、结构、使用目的、使用人都各不相同，这就要求每一个建筑产品都需单独设计和施工，建筑产品单体性生产也决定了建设工程合同标的的特殊性。

（4）合同履行的长期性。建设工程由于结构复杂、体积大、建筑材料类型多、工作量大，使得合同履行期限都较长。而且，建设工程合同的订立和履行一般都需要较长的准备期，在合同的履行过程中，还可能因为不可抗力、工程变更、材料供应不及时等原因而导致合同期限顺延。所有这些情况，决定了建设工程合同的履行期限具有长期性。

**5.4.1.2** 建设工程合同的主要内容

1. 建设工程合同的主体

发包人、承包人是建设工程合同的当事人。发包人、承包人必须具备一定的资格，才能成为建设工程合同的合法当事人，否则，建设工程合同可能因主体不合格而导致无效。

（1）发包人主体资格。发包人有时也称发包单位、建设单位、业主或项目法人。发包人的主体资格也就是进行工程发包并签订建设工程合同的主体资格。

根据《中华人民共和国招标投标法》（以下简称《招标投标法》）第9条规定：招标人应当有进行招标项目的相应资金或者资金来源已经落实，并应当在招标文件中如实载明。这就要求发包人有支付工程价款的能力。《招标投标法》第12条规定：招标人具有编制招标文件和组织评标能力的，可以自行进行办理招标事宜。综上所述，发包人进行工程发包应当具备下列基本条件。

1）应当具有相应的民事权利能力和民事行为能力。

2）实行招标发包的，应当具有编制招标文件和组织评标的能力或者委托招标代理机构代理招标事宜。

3）进行招标项目的相应资金或者资金来源已经落实。

发包人的主体资格除应符合上述基本条件外，还应符合国家计委发布的《关于实行建设项目法人责任制的暂行规定》、建设部和国家工商行政管理总局所发的《建筑市场管理规定》（建法〔1991〕798号）、建设部印发的《工程项目建设单位管理暂行办法》（建建〔1997〕123号）的具体规定；当建设单位为房地产开发企业时，还应符合《房地产开发企业资质管理规定》（2000年3月29日建设部令第77号发布）。

（2）承包人的主体资格。建设工程合同的承包人分为勘察人、设计人、施工人。对于建设工程承包人，我国实行严格的市场准入制度。《建筑法》第26条规定，承包建筑工程的单位应当持有依法取得的资质证书，并在其资质等级许可的业务范围内承揽工程。2000年1月30日国务院令第279号发布的《建设工程质量管理条例》第18条规定：从事建设工程勘察、设计的单位应当依法取得相应等级的资质证书，并在其资质等级许可的范围内承揽工程；第25条规定：施工单位应当依法取得相应等级的资质证书，并在其资质等级许可的范围内承揽工程。

关于建设工程勘察、设计、施工单位的资质等级，建设部已经分别颁布了《建设工程勘察设计企业资质管理规定》（2001年7月25日建设部令第93号发布）、《建筑业企业资质管理规定》（2001年4月18日建设部令第87号发布）予以规范。

2. 建设工程合同的基本条款

建设工程合同应当具备一般合同的条款，如发包人、承包人的名称和住所、标的、数量、质量、价款、履行方式、地点、期限；违约责任、解决争议的方法等。由于建设工程合同标的的特殊性，法律还对建设工程合同中某些内容作出了特别规定，成为建设工程合同中不可缺少的条款。

(1) 勘察、设计合同的基本条款。为了规范勘察设计合同,《合同法》第274条规定:勘察、设计合同的内容包括提交有关基础资料和文件(包括概预算)的期限、质量要求、费用以及其他协作条件等条款。

1) 提交有关基础资料和文件(包括概预算)的期限。这是对勘察人、设计人提交勘察、设计成果时间上的要求。当事人之间应当根据勘察、设计的内容和工作难度确定提交工作成果的期限。勘察人、设计人必须在此期限内完成并向发包人提交工作成果。超过这一期限的,应当承担违约责任。

2) 勘察或者设计的质量要求。这是此类合同中最为重要的合同条款,也是勘察或者设计人所应承担的最重要的义务。勘察或者设计人应当对没有达到合同约定质量的勘察或者设计方案承担违约责任。

3) 勘察或者设计费用。这是勘察或者设计合同中的发包人所应承担的最重要的义务。勘察设计费用的具体标准和计算办法应当按《工程勘察收费标准》《工程设计收费标准》中的规定执行。

4) 其他协作条件。除上述条款外,当事人之间还可以在合同中约定其他协作条件。至于这些协作条件的具体内容,应当根据具体情况来认定。如发包人提供资料的期限,现场必要的工作和生活条件,设计的阶段、进度和设计文件份数等。

(2) 建设施工合同的基本条款。《合同法》第275条规定:施工合同的内容包括工程范围、建设工期、中间交工工程的开工和竣工时间、工程质量、工程造价、技术资料交付时间、材料和设备供应责任、拨款和结算、竣工验收、质量保修范围和质量保证期、双方相互协作等条款。

1) 工程范围。当事人应在合同中附上工程项目一览表及其工程量,主要包括建筑栋数、结构、层数、资金来源、投资总额以及工程的批准文号等。

2) 建设工期。即全部建设工程的开工和竣工日期。

3) 中间交工工程的开工和竣工日期。所谓中间交工工程,是指需要在全部工程完成期限之前完工的工程。对中间交工工程的开工和竣工日期,也应当在合同中作出明确约定。

4) 工程质量。建设项目是百年大计,必须做到质量第一,因此这是最重要的条款。发包人、承包人必须遵守《建设工程质量管理条例》的有关规定,保证工程质量符合工程建设强制性标准。

5) 工程造价。工程造价,或工程价格,由成本(直接成本、间接成本)、利润(酬金)和税金构成。工程价格包括合同价款、追加合同价款和其他款项。实行招投标的工程应当通过工程所在地招标投标监督管理机构采用招投标的方式定价;对于不宜采用招投标的工程,可采用施工图预算加变更洽商的方式定价。

6) 技术资料交付时间。发包人应当在合同约定的时间内按时向承包人提供与本工程项目有关的全部技术资料,否则造成的工期延误或者费用增加应由发包人负责。

7) 材料和设备供应责任。即在工程建设过程中所需要的材料和设备由哪一方当事人负责提供,并应对材料和设备的验收程序加以约定。

8）拨款和结算。即发包人向承包人拨付工程价款和结算的方式和时间。

9）竣工验收。竣工验收是工程建设的最后一道工序，是全面考核设计、施工质量的关键环节，合同双方还将在该阶段进行结算。竣工验收应当根据《建设工程质量管理条例》第16条的有关规定执行。

10）质量保修范围和质量保证期。合同当事人应当根据实际情况确定合理的质量保修范围和质量保证期，但不得低于《建设工程质量管理条例》规定的最低质量保修期限。

除了上述10项基本合同条款以外，当事人还可以约定其他协作条款，如施工准备工作的分工、工程变更时的处理办法等。

3. 建设工程合同的形式

建设工程合同具有标的额大、履行时间长、不能即时清结等特点，因此应当采用书面形式。对有些建设工程合同，国家有关部门制定了统一的示范文本，订立合同时可以参照相应的示范文本。合同的示范文本，实际上就是含有格式条款的合同文本。采用示范文本或其他书面形式订立的建设工程合同，在组成上并不是单一的，凡能体现招标人与中标人协商一致协议内容的文字材料，包括各种文书、电报、图表等，均为建设工程合同文件。订立建设工程合同时，应当注意明确合同文件的组成及其解释顺序。

采用合同书包括确认书形式订立合同的，自双方当事人签字或者盖章时合同成立。签字或盖章不在同一时间的，最后签字或盖章时合同成立。

建设工程合同文件，一般包括以下几个组成部分。

（1）合同协议书。

（2）中标通知书。

（3）投标书及其附件。

（4）合同通用条款。

（5）合同专用条款。

（6）洽商、变更等明确双方权利义务的纪要、协议。

（7）工程量清单、工程报价单或工程预算书、图纸。

（8）标准、规范和其他有关技术资料、技术要求。

建设工程合同的所有合同文件，应能互相解释，互为说明，保持一致。当事人对合同条款的理解有争议的，应按照合同所使用的词句、合同的有关条款、合同的目的、交易习惯以及诚实信用原则，确定该条款的真实意思。合同文本采用两种以上的文字订立并约定具有同等效力的，对各文本使用的词句推定具有相同含义。各文本使用的词句不一致的，应当根据合同的目的予以解释。

在工程实践中，当发现合同文件出现含糊不清或不相一致的情形时，通常按合同文件的优先顺序进行解释。合同文件的优先顺序，除双方另有约定的外，应按合同条件中的规定确定，即排在前面的合同文件比排在后面的更具有权威性。因此，在订立建设工程合同时对合同文件最好按其优先顺序排列。《建设工程施工合同（示范文本）》（GF—1999—0201）第2条就是关于合同文件及解释顺序的。

#### **5.4.1.3** 无效建设工程合同的认定

无效建设工程合同系指虽由发包方与承包方订立，但因违反法律规定而没有法律约束力，国家不予承认和保护，甚至对违法当事人进行制裁的建设工程合同。具体而言，建设工程合同属下列情况之一的，合同无效。

（1）没有经营资格而签订的合同。没有经营资格是指没有从事建筑经营活动的资格。根据企业登记管理的有关规定，企业或者其他经济组织应当在经依法核准的经营范围内从事经营活动。《建筑市场管理规定》第14条规定：承包工程勘察、设计、施工和建筑构配件、非标准设备加工生产的单位（以下统称承包方），必须持有营业执照、资质证书或产品生产许可证、开户银行资信证等证件，方准开展承包业务。对从事建设工程承包业务的企业明确提出了必须具备相应资质条件的要求。

（2）超越资质等级所订立的合同。《工程勘察和设计单位资格管理办法》和《工程勘察设计单位登记管理暂行办法》规定，工程勘察设计单位的资质等级分为甲、乙、丙、丁四级，不同资质等级的勘察设计单位承揽业务的范围有严格的区别；而根据《建筑业企业资质管理规定》，建筑安装企业应当按照《建筑业企业资质证书》所核定的承包工程范围从事工程承包活动，无《建筑业企业资质证书》、避开或擅自超越《建筑业企业资质证书》所核定的承包工程范围从事承包活动的，由工程所在地县级以上人民政府建设行政主管部门给予警告、停工的处罚，并可处以罚款。

（3）跨越省级行政区域承揽工程，但未办理审批许可手续而订立的合同。根据《建筑市场管理规定》第15条的规定，跨省、自治区、直辖市承包工程或者分包工程、提供劳务的施工企业，应当持单位所在地省、自治区、直辖市人民政府建设行政主管部门或者国务院有关主管部门出具的外出承包工程的证明和资质等级证书等证件，向工程所在地的省、自治区、直辖市人民政府建设行政主管部门办理核准手续，并到工商行政等机关办理有关手续。勘察、设计单位跨省承揽任务的，应依照《全国工程勘察、设计单位资格认证管理办法》的有关规定办理类似许可手续。一些省、自治区、直辖市对外地企业到其行政区域内承揽工程，也有明确规定。

（4）违反国家、部门或地方基本建设计划的合同。建设工程承包合同的显著特点之一就是合同的标的具有计划性，即工程项目的建设大多数必须经过国家、部门或者地方的批准。《建设工程施工合同管理办法》规定，工程项目已经列入年度建设计划，方可订合同。

（5）未取得《建设工程规划许可证》或者违反《建设工程规划许可证》的规定进行建设，严重影响城市规划的合同。《建设工程规划许可证》是新建、扩建、改建建筑物、构筑物和其他工程设施等申请办理开工许可手续的法定条件，由城市规划行政主管部门根据规划设计要求核发。没有或者违反《建设工程规划许可证》的规定进行建设，影响城市规划但经批准尚可采取改正措施的，可维持合同的效力；严重影响城市规划的，因合同的标的系违法建筑而导致合同无效。

（6）未取得《建设用地规划许可证》而签订的合同。《中华人民共和国城市规划法》第31条规定：在城市规划区内进行建设，需要申请用地的，必须持国家批准建设项目的有关文件，向城市规划行政主管部门申请地点，由城市规划行政主管部门核定其用地位置和界限，提供规划设计条件，核发建设用地规划许可证。取得《建设用地规划许可证》是申请建设用地的法定条件。无证取得用地的，属非法用地，以此为基础而进行的工程建设显然属于违法建设，因内容违法而无效。

（7）未依法取得土地使用权而签订的合同。进行工程建设，必须合法取得土地使用权。任何单位和个人没有依法取得土地使用权（如未经批准或采取欺骗手段骗取批准）进行建设的，均属非法占用土地，合同的标的——建设工程，为违法建筑物，导致合同无效。实践中，如果施工承包合同订立时，发包方尚未取得土地使用证的，应区别不同情况认定合同的效力：如果发包方已经取得《建设用地规划许可证》，并经土地管理部门审查批准用地，只是用地手续尚未办理完毕未能取得土地使用证的，不应因发包方用地手续在形式上存在欠缺而认定合同无效；如果未经审查批准用地的，合同无效。

（8）未依法办理报建手续而签订的合同。为了有效掌握建设规模，规范工程建设实施阶段程序管理，统一工程项目报建的有关规定，达到加强建筑市场管理的目的，建设部于1994年颁布《工程建设项目报建管理办法》，实行严格的报建制度。根据《工程建设项目报建管理办法》的规定，凡未报建的工程建设项目，不得办理招标投标手续和发放施工许可证，设计、施工单位不得承接该项工程的设计和施工任务。

（9）应当办理而未办理招标投标手续所订立的合同。《建筑市场管理规定》规定：凡政府和公有制企、事业单位投资的新建、改建、扩建和技术改造的工程项目，除某些不宜招标的军事、保密等工程，以及外商投资、国内私人投资、境外个人捐资和县级以上人民政府确认的抢险、救灾等工程可以不实行招投标以外，必须采取招标投标的方式确定施工单位。对于未实行招标投标确定施工单位即签订合同的，合同无效，如果工程尚未开工，不准开工；如果已经开工，则责令停止施工。

（10）根据无效定标结果所签订的合同。依法实行招标投标确定施工单位的工程，招标单位应当与中标单位签订合同。中标是承包单位与发包单位签订合同的依据，如果定标结果是无效的，则所订合同因无合法基础而无效。

（11）非法转包的合同。转包可分为全部工程整体转包与肢解工程转包两种基本形式。转包行为有损发包人的合法权益，扰乱建筑市场管理秩序，为《建筑法》等法律、法规和规章明文禁止。

（12）不符合分包条件而分包的合同。承包人欲将所承包的工程分包的，应当征得发包人的同意，并且分包工程的承包人必须具备相应的资质等级条件。分包单位所承包的工程不得再行分包工程，凡违反规定分包的合同均属无效合同。

（13）违法带资、垫资施工的合同。合同内容违法是多方面的，实践中较为突出的是关于带资、垫资施工的约定。带资、垫资往往是发包方强行要求的，也有施工单位以带资、垫资作为竞争手段以达到能承揽工程的目的的情况。

（14）采取欺诈、胁迫的手段所签订的合同。这两种情形并不鲜见。一些不法分子虚构、伪造工程项目情况，以骗取财物为目的，引诱施工单位签订所谓“施工承包合同”。有的不法分子则强迫投资者将建设项目由其承包。凡此种种，不仅合同无效，而且极有可能触犯刑律。

（15）损害国家利益和社会公共利益的合同。

（16）违反国家指令性建设计划而签订的合同。《合同法》第273条规定：国家重大建设工程合同的订立，应当符合国家规定的程序和国家批准的投资计划、可行性研究报告等要求。国家指令性计划“国家重大建设工程项目”建设的作用不言而喻。

#### 5.4.1.4 建设工程合同体系

工程建设是一个极为复杂的社会生产过程，它分别经历可行性研究、勘察、设计、工程施工和运行等阶段；有土建、水电、机械设备、通信等专业设计和施工活动；需要各种材料、设备、资金和劳动力的供应。由于现代的社会化大生产和专业化分工，一个稍大一点的工程，其参加单位就有十几个、几十个，甚至成百上千个，它们之间形成各式各样的经济关系。由于工程中维系这种关系的纽带是合同，所以就有各式各样的合同。工程项目的建设过程实质上又是一系列经济合同的签订和履行过程。

在一个工程中，相关的合同可能有几份、几十份、几百份，甚至几千份，形成一个复杂的合同网络。在这个网络中，业主和承包商是两个最主要的节点。

1. 业主的主要合同关系

业主作为工程或服务的买方，是工程的所有者，他可能是政府、企业、其他投资者、几个企业的组合、政府与企业的组合（例如合资项目、BOT 项目的业主）。业主投资一个项目，通常委派一个代理人（或代表）以业主的身份进行工程的经营管理。

业主根据对工程的需求，确定工程项目的整体目标。这个目标是所有相关工程合同的核心。要实现工程目标，业主必须将建筑工程的勘察设计、各专业工程施工、设备和材料供应等工作委托出去，必须与有关单位签订如下合同。

（1）咨询（监理）合同。咨询（监理）合同即业主与咨询（监理）公司签订的合同。咨询（监理）公司负责工程的可行性研究、设计监理、招标和施工阶段监理等某一项或几项工作。

（2）勘察设计合同。勘察设计合同即业主与勘察设计单位签订的合同。勘察设计单位负责工程的地质勘察和技术设计工作。

（3）供应合同。当由业主负责提供工程材料和设备时，业主与有关材料和设备供应单位签订供应（采购）合同。

（4）工程施工合同。工程施工合同即业主与工程承包商签订的工程施工合同。一个或几个承包商分别承包土建、机械安装、电器安装、装饰、通信等工程施工。

（5）贷款合同。贷款合同即业主与金融机构签订的合同。金融机构向业主提供资金保证，按照资金来源的不同，可能有贷款合同、合资合同或 BOT 合同等。

按照工程承包方式和范围的不同，业主可能订立几十份合同。例如将工程分专业、分阶段委托，将材料和设备供应分别委托，也可能将上述委托以形式合并，如把土建和安装委托给一个承包商，把整个设备供应委托给一个成套设备供应企业。当然，业主还可以与一个承包商订立一个总承包合同，由承包商负责整个工程的设计、供应、施工，甚至管理等工作。因此，一份合同的工程范围和内容会有很大区别。

2. 承包商的主要合同关系

承包商是工程施工的具体实施者，是工程承包合同的执行者。承包商通过投标接受业主的委托，签订工程总承包合同。承包商要完成承包合同的责任，包括由工程量表所确定的工程范围的施工、竣工和保修，为完成这些工程需提供劳动力、施工设备、材料，有时也包括技术设计。任何承包商也不可能具备所有的专业工程的施工能力、材料和设备的生产和供应能力，他同样可以将许多专业工作委托出去。所以，承包商常常又有自己复杂的合同关系。

(1) 分包合同。对于一些大的工程，承包商常常必须与其他承包商合作才能完成总承包合同责任。承包商把从业主那里承接到的工程中的某些分项工程或工作分包给另一承包商来完成，则与其要签订分包合同。

承包商在承包合同下可能订立许多分包合同，而分包商仅完成总承包商分包给自己的工程，向总承包商负责，与业主无合同关系。总承包商仍向业主担负全部工程责任，负责工程的管理和所属各分包商工作之间的协调，以及各分包商之间合同责任界限的划分，同时承担协调失误造成损失的责任，向业主承担工程风险。

在投标书中，承包商必须附上拟定的分包商的名单，供业主审查。如果在工程施工中重新委托分包商，必须经过监理工程师的批准。

(2) 材料与设备供应合同。承包商为工程所进行的必要的材料与设备的采购和供应，必须与供应商签订供应合同。

(3) 运输合同。这是承包商为解决材料和设备的运输问题而与运输单位签订的合同。

(4) 加工合同。加工合同即承包商将建筑构配件、特殊构件加工任务委托给加工承揽单位而签订的合同。

(5) 租赁合同。在建设工程中，承包商需要许多施工设备、运输设备、周转材料。当有些设备、周转材料在现场使用率较低，或承包商购置需要大量资金投入而又不具备这个经济实力时，可以采用租赁方式，与租赁单位签订租赁合同。

(6) 劳务供应合同。建筑产品往往要花费大量的人力、物力和财力。承包商不可能全部采用固定工来完成该项工程，为了满足任务的临时需要，往往要与劳务供应商签订劳务供应合同，由劳务供应商向工程提供劳务。

(7) 保险合同。承包商按施工合同要求对工程进行保险，与保险公司签订保险合同。承包商的这些合同都与工程承包合同相关，都是为了履行承包合同而签订的。此外，在许多大型工程中，尤其是在业主要求总承包的工程中，承包商经常是几个企业的联营，即联营承包（最常见的是设备供应商、土建承包商、安装承包商、勘察设计单位的联合投标）。这时承包商之间还需订立联营合同。

3. 建设工程合同体系

按照上述的分析和项目任务的结构分解，就得到不同层次、不同种类的合同，它们共同构成如图 5.1 所示的合同体系。

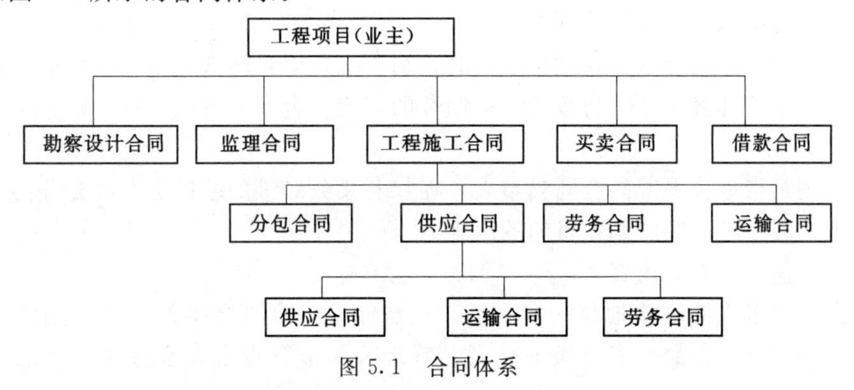


图 5.1　合同体系

在该合同体系中，这些合同都是为了完成业主的工程项目目标而签订和实施的。由于这些合同之间存在着复杂的内部联系，构成了该工程的合同网络。

其中，建设工程施工合同是最有代表性、最普遍，也是最复杂的合同类型。它在建设工程项目的合同体系中处于主导地位，是整个建设工程项目合同管理的重点。无论是业主、监理工程师或承包商都将它作为合同管理的主要对象。建设工程项目的合同体系在项目管理中也是一个非常重要的概念。它从一个角度反映了项目的形象，对整个项目管理的运作有很大的影响。

（1）它反映了项目任务的范围和划分方式。

（2）它反映了项目所采用的管理模式（例如监理制度、总包方式或平行承包方式）。

（3）它在很大程度上决定了项目的组织形式，因为不同层次的合同常常决定了该合同的实施者在项目组织结构中的地位。

### 5.4.2 合同的订立

#### 5.4.2.1 合同订立原则

《合同法》基本原则是合同当事人在合同的签订、执行、解释和争执的解决过程中应当遵守的基本准则，也是人民法院、仲裁机构在审理、仲裁合同时应当遵循的原则。合同法关于合同订立、效力、履行、违约责任等内容，都是根据这些基本原则规定的。

1. 自愿原则

自愿原则是合同法的重要基本原则，合同当事人通过协商，自愿决定和调整相互权利义务关系。自愿原则体现了民事活动的基本特征，是民事关系区别于行政法律关系、刑事法律关系的特有原则。民事活动除法律强制性的规定外，由当事人自愿约定。自愿原则也是发展社会主义市场经济的要求，随着社会主义市场经济的发展，合同自愿原则就越来越显得重要了。

自愿原则贯穿于合同活动的全过程，在不违反法律、行政法规、社会公德的情况下包括以下几点。

（1）订不订立合同自愿，当事人依自己意愿自主决定是否签订合同。

（2）与谁订合同自愿，在签订合同时，有权选择对方当事人。

（3）合同构成自由。包括合同的内容、形式、范围在不违法的情况下由双方自愿约定。

（4）在合同履行过程中，当事人可以补充、变更协议有关内容。

（5）双方也可以协议解除合同。

（6）可以约定违约责任，在发生争议时，当事人可以自愿选择解决争议的方式。

总之，只要不违背法律、行政法规强制性的规定，合同当事人有权自愿决定。

2. 平等原则

平等原则是指地位平等的合同当事人，在权利义务对等的基础上，经充分协商达成一致，以实现互利互惠的经济利益目的的原则。

平等原则包括三方面内容。

（1）合同当事人的法律地位一律平等。在法律上，合同当事人是平等主体，没有高低、主从之分，不存在命令者与被命令者、管理者与被管理者。这意味着不论所有制性质，也不同单位大小和经济实力的强弱，其地位都是平等的。

（2）合同中的权利义务对等。所谓“对等”，是指享有权利，同时就应承担义务，而且，彼此的权利、义务是相应的。这要求当事人所取得财产、劳务或工作成果与其履行的义务大体相当；要求一方不得无偿占有另一方的财产，侵犯他人权益；要求禁止平调和无偿调拨。

（3）合同当事人必须就合同条款充分协商，取得一致，合同才能成立。

3. 诚实信用原则

诚实信用原则要求当事人在订立、履行合同，以及合同终止后的全过程中，都要诚实、讲信用、相互协作。诚实信用原则具体包括：①在订立合同时，不得有欺诈或其他违背诚实信用的行为；②在履行合同义务时，当事人应当遵循诚实信用的原则，根据合同的性质、目的和交易习惯履行及时通知、协助、提供必要的条件、防止损失扩大、保密等义务；③合同终止后，当事人也应当遵循诚实信用的原则，根据交易习惯履行通知、协助、保密等义务，称为后合同义务。

4. 公平原则

公平原则要求合同双方当事人之间的权利义务要公平合理，要大体上平衡，强调一方给付与对方给付之间的等值性，合同上的负担和风险的合理分配。具体包括：①在订立合同时，要根据公平原则确定双方的权利和义务，不得滥用权力，不得欺诈，不得假借订立合同恶意进行磋商；②根据公平原则确定风险的合理分配；③根据公平原则确定违约责任。公平原则作为合同法的基本原则，其意义和作用是：公平原则是社会公德的体现，符合商业道德的要求。将公平原则作为合同当事人的行为准则，可以防止当事人滥用权力，有利于保护当事人的合法权益，维护和平衡当事人之间的利益。

#### 5.4.2.2 合同的订立

《合同法》第13条规定：当事人订立合同，采用要约、承诺方式。要约与承诺是当事人订立合同必经的程序，也是当事人双方就合同的一般条款经过协商一致并签署书面协议的过程。

1. 要约

（1）要约的概念。《合同法》第14条规定：要约是希望和他人订立合同的意思表示，该意思表示应当符合下列规定：①内容具体确定；②表明经受要约人承诺，要约即受该意思表示约束。

要约是一种法律行为。它表现在规定的有效期限内，要约人要受到要约的约束。受要约人若按时和完全接受要约条款时，要约人负有与受约人签订合同的义务。否则，要约人对此造成受要约人的损失应承担法律责任。

（2）要约邀请。《合同法》第15条规定：要约邀请是希望他人向自己发出要约的意思表示。寄送价目表、拍卖公告、招标公告、招股说明书、商业广告等为要约邀请。商业广告的内容符合要约规定的，视为要约。

（3）要约生效。《合同法》第16条规定：要约到达受约人时生效。采用数据电文形式订立合同，收件人指定特定系统接受电文的，该数据电文进入该特定系统的时间，视为到达时间；未指定特定系统的，该数据电文进入收件人的任何系统的首次时间，视为到达时间。

（4）要约撤回与撤销。要约的撤回，是指要约人在发出要约后，于要约到达受要约人之前取消其要约的行为。

《合同法》第17条规定：要约可以撤回。撤回要约的通知应当在要约到达受要约人之前或者同时到达受要约人。在此情形下，被撤回的要约实际上是尚未生效的要约。倘若撤回的通知于要约到达后到达，而按其通知方式依通常情形应先于要约到达或同时到达，其效力如何，我国《合同法》未作规定。

要约的撤销，是指在要约发生法律效力后，要约人取消要约从而使要约归于消灭的行为。要约的撤销不同于要约的撤回（要约撤销发生于生效后，要约撤回发生于生效前）。

《合同法》第18条规定：要约可以撤销。撤销要约的通知应当在受要约人发出承诺通知之前到达受要约人。

《合同法》第19条规定：有下列情形之一的，要约不得撤销。

1）要约人确定了承诺期限或者以其他方式明示要约不可撤销。

2）受要约人有理由认为要约是不可撤销的，并且已经为履行合同做了准备工作。

二者的区别仅在于时间的不同，在法律效力上是等同的。要约的撤回是在要约生效之前为之，即撤回要约的通知应当在要约到达受约人之前或者与要约同时到达受要约人；而要约的撤销是在要约生效之后承诺作用之前而为之，即撤销要约的通知应当在受要约人发出承诺通知之前到达受要约人。

（5）要约有下列情形之一的要约失效。

1）拒绝要约的通知到达要约人。

2）要约人依法撤销要约。

3）承诺期限届满，受要约人未作出承诺。

4）受要约人对要约的内容作出实质性变更。

2. *承诺*

（1）承诺的概念。承诺是受要约人同意要约的意思表示。承诺一经作出，并送达要约人，合同即告成立。要约人有义务接受受要约人的承诺，不得拒绝。

（2）承诺所具备的条件。一个有效的承诺必须具备以下条件才能具有法律效力。

1）承诺必须由受要约人本人或其法定代表人或其委托代理人作出。要约如果是向特定人发出的，则承诺必须由该特定人或其授权的代理人作出，如果要约是向一定范围的人作出的，承诺可以由该范围内的任何人作出。

2）承诺不附带任何条件，承诺的内容必须和要约的内容一致。承诺必须是无条件的接受，承诺对要约的内容作出实质性变更的，为新要约。

3）承诺必须在合理期限内向要约人作出。如果要约规定了承诺期限，则应该在规定的承诺期限内作出；如果没有规定期限，则应当在合理期限内作出，超过了要约有效期（承诺期限）或合理期限的承诺，视为一项新要约。合理期限一般指要约的送达时间、受要约方考虑是否接受要约的时间、接受要约送达到要约方的时间的总和。承诺是对要约的全部接受，只对要约人和受要约人有拘束力，所以，承诺必须向要约人本人或其授权代理人作出，对要约人以外的人作出的承诺，合同不能成立。

4）承诺必须明确表示受要约人同意与要约人订立合同。承诺必须清楚明确，不能含糊。

（3）承诺的方式。合同法规定，承诺通知到达要约人时生效。承诺不需要通知的，根据交易习惯或者要约的要求作出承诺的行为时生效。

根据《合同法》的规定，承诺的方式有如下几种。

1）承诺的方式应当符合要约中提出的要求。要约人在要约中明确提出承诺方式的，受要约人在作出承诺时必须以要约所要求的方式作出。

2）要约中没有对承诺方式提出特定要求的，承诺应以通知的方式作出。通知的方式可以是口头的，也可以是书面的（视要约的方式而定），只要是明示的方式即可。

3）依交易习惯默示的承诺方式。这种方式一般适用于双方当事人是长期的合作伙伴，根据以往的交易习惯或依据当地的交易习惯，一方向另一方发出要约以后，另一方在规定的时间内没有作出意思表示的，则认为已经承诺，在此种情况下，受要约人可以不再向要约人作出承诺的通知。如：甲乙双方有长期的供货关系，通常情况下，甲方付款，乙方发货，并无异议。在这种情况下，只要乙方向甲方发出货物，甲方不在规定的时间内作出明示的表示的，也可以认为已经承诺。

4）推定承诺，即要约中表明可以通过行为作出承诺的，以行为方式作出承诺有效。如果要约人发出要约时声明不需要承诺通知，而把对方履行合同的行为，视为承诺人同意合同生效的意思表示，则从承诺人着手履行合同时起，合同即告成立。如商店里明码标价的商品，一旦有顾客付钱，付钱行为就是作出承诺，买卖合同成立。又如，甲向乙借钱，乙未作回答，但把钱寄给甲，即可认为借款合同成立。由于承诺迟延到达，要约人认为受要约人拒绝承诺，要约人已做出别的行为。如果此时承诺到达，要约人可及时通知受要约人因超过期限而不予接受，该承诺无效，合同不能成立。

（4）承诺生效。《合同法》对承诺生效的时间采用的是到达主义、即承诺通知到达要约人时生效。合同法规定，承诺通知到达要约人时生效。承诺不需要通知的，根据交易习惯或者要约承诺期限。承诺期限是指受要约人作出有效承诺的期限。根据《合同法》的规定，承诺应当在要约确定的期限内到达要约人，要约没有确定承诺期限的，承诺应当依照下列规定到达：①要约以对话方式作出的，应当即时作出承诺，当当事人另有约定的除外；②要约以非对话方式作出的，承诺应当在合理期限到达。非对话方式包括信件、电报、传真、数据电文形式。采用数据电文形式作出承诺，其到达时间的确定标准为：要约人指定系统接收承诺的，该承诺进入该特定系统的时间，视为到达时间；未指定特定系统的，该承诺进入要约人的任何系统的首次时间为到达时间。

（5）逾期承诺的后果。逾期承诺是受要约人超过一定承诺期限或在合理期限外作出的承诺。其后果有两种。

1）承诺无效。《合同法》规定，受要约人超过承诺期限发出承诺的，除要约人及时通知受要约人该承诺有效的以外，为新要约。

2）承诺有效。只要要约人对逾期承诺予以承认并能及时通知受要约人，就可以视为该承诺有效，合同成立。

（6）承诺迟延的后果。承诺迟延指受要约人在承诺期限内发出承诺，但因传递原因在超过承诺期限的情况下到达要约人。

根据《合同法》的规定，承诺迟延的法律后果有两种。

1）承诺有效，合同成立。受要约人在期限内发出承诺通知，并相信其承诺能够及时到达要约人，由于邮局或交通运输工具等传递原因，导致承诺通知超过承诺期限到达要约人，受要约人本身并无过错，所以在这种情况下，一般认为逾期到达的承诺有效，合同成立。

2）承诺无效，合同不能成立的要求。若承诺逾期是有受要约人过错导致，则承诺无效，合同不能成立。

（7）承诺撤回。承诺撤回是指受要约人对要约人作出承诺以后，承诺人阻止承诺发生法律效力的意思表示。《合同法》规定：承诺可以撤回，撤回的通知必须先于或同时与承诺到达要约人，才能阻止承诺生效的效力。如果迟于承诺到达要约人，因承诺已经生效，合同也随之成立，就不发生承诺撤回的效果。要约的撤回、承诺的撤回规定，体现出合同法对合同当事人平等保护的意义，也具体体现了合同自由的原则。

**5.4.2.3** 合同主要条款

1. 合同主要条款

《合同法》第12条对合同内容进行了规定。合同的内容是指当事人享有的权利和承担的义务，主要以各项条款确定。合同内容由当事人约定，一般包括以下条款。

（1）当事人的名称或者姓名和住所。这是每个合同必须具备的条款，当事人是合同的主体，要把名称或姓名、住所规定准确、清楚。

（2）标的。标的是合同当事人双方权利和义务所共同指向的对象。它是合同成立的必要条件，是一切合同的必备条款。标的可以是“物”，一般的买卖合同中购买实物；也可以是“行为”（包括“不行为”）。

（3）数量。数量是对标的的计量，是以数字和计量单位来衡量标的的尺度。表明标的的多少，决定当事人权利义务的大小范围。没有数量条款的规定，就无法确定双方权利义务的大小，双方的权利义务就处于不确定的状态，因此，合同中必须明确标的的数量。

（4）质量。质量指标的物的标准、技术要求，表明标的的内在素质和外观形态的综合。包括产品的性能、效用、工艺等。一般以品种、型号、规格、等级等体现出来。当事人约定质量条款时，必须符合国家有关规定和要求。

（5）价款或者报酬。价款或者报酬是一方当事人向对方当事人所付代价的货币支付，凡是有偿合同都有价款或报酬条款。当事人在约定价款或报酬时，应遵守国家有关价格方面的法律和规定，并接受工商行政管理机关和物价管理部门的监督。

（6）履行期限、地点和方式。履行期限是合同中规定当事人履行自己的义务的时间界限，是确定当事人是否按时履行或延期履行的客观标准，也是当事人主张合同权利的时间依据。履行地点是指当事人履行合同义务和对方当事人接受履行的地点。履行方式是当事人履行合同义务的具体做法。合同标的不同，履行方式也有所不同，即使合同标的相同，也有不同的履行方式，当事人只有在合同中明确约定合同的履行方式，才便于合同的履行。履行方式应视所签订合同的类别而定。

（7）违约责任。违约责任指当事人一方或双方不履行合同义务或履行合同义务不符合约定的，依照法律的规定或按照当事人的约定应当承担的法律责任。合同依法成立后，可能由于某种原因使得当事人不能按照合同履行义务。合同中约定违约责任条款，不仅可以维护合同的严肃性，督促当事人切实履行合同，而且一旦出现当事人违反合同的情况，便于当事人及时按照合同承担责任，减少纠纷。

（8）解决争议的方法。解决争议的方法指合同争议的解决途径，对合同条款发生争议时的解释以及法律适用等。合同发生争议时，及时解决争议可有效维护当事人的合法权益。根据我国现有法律规定，争议解决的方法有和解、调解、仲裁和诉讼，其中仲裁和诉讼是最终解决争议的两种不同的方法，当事人只能在这两种方法中选择其一。因此，当事人订立合同时，在合同中约定争议解决的方法，有利于当事人在发生争议后，及时解决争议。

2. 合同必要条款

当事人可以参照各类合同的示范文本订立合同。《合同法》以上规定只是作为参考，当事人可以根据自己的实际需要增减有关条款。但在实践中，以下这些条款是必须的。

（1）合同当事人的姓名，如果是法人，则需法人的名称。必要时还可查看当事人的身份证或执照。

（2）合同标的。如果是买卖合同的话，需要说明货物的名称、规格型号、购买数量等；如果是提供劳务，则要说明劳务的类型、劳务的标准。

（3）价格。要注意货币单位。

（4）履行期限。超过履行期限会导致违约，甚至守约方可以解除合同。

（5）违约责任。一般约定违约金比例或损失赔偿办法。

（6）纠纷解决方式。约定是采用仲裁还是诉讼的方式。如果约定仲裁，最好在合同中约定仲裁条款。

（7）法律适用问题。这牵涉到诉讼发生时将向哪里的法院起诉的问题，在国际买卖合同中尤为重要。

#### 5.4.2.4 合同订立案例分析

**【案例 1】**

2003 年 7 月 20 日，香港甲公司给厦门乙公司发出要约称：“鳗鱼饲料数量 180 吨，单价 CIF 厦门 980 美元，总值 176400 美元，合同订立后三个月装船，不可撤销即期信用证付款，请电复。”厦门乙公司还盘：“接受你方发盘，在订立合同后请立即装船。”对此香港甲公司没有回音，也一直没有装船。厦门乙公司认为香港甲公司违约，要求香港甲公司承担违约责任是否符合法律规定，为什么？

**【案例 2】**

中国山东某公司于 2003 年 6 月 14 日收到甲国某公司来电称：“×××设备 3560 台，每台 270 美元 CIF 青岛，7 月甲国×××港装船，不可撤销即期信用证支付，2003 年 6 月 22 日前复到有效。”中国山东公司于 2003 年 6 月 17 日复电：“若单价为 240 美元 CIF 青岛，可接受 3560 台×××设备；如有争议在中国国际经济贸易仲裁委员会仲裁。”甲国公司于 2003 年 6 月 18 日回电称仲裁条款可以接受，但价格不能减少。此时，该机器价格上涨，中方又于 2003 年 6 月 21 日复电：“接受你 14 日发盘，信用证已经由中国银行福建分行开出。”但甲国公司未予答复并将货物转卖他人。关于该案，甲国公司将货物转卖他人的行为是否属违约行为，为什么？

**【案例3】**

中国甲公司于6月1日发商务电传至加拿大乙公司，该电传称：“可供白糖1500公吨，每公吨500美元CFR温哥华，10月装船，不可撤销信用证付款，本月内答复有效。”乙公司于6月9日回电：“你方6月1日报告我已接收，除提供通常单据外，需提供卫生检验证明。”甲公司未予答复，甲公司与乙公司之间的合同关系是否成立？为什么？

**【案例4】**

某酒店客房内备有零食、酒水供房客选用，价格明显高于市场同类商品。房客关某缺乏住店经验，又未留意标价单，误认为系酒店免费提供而饮用了一瓶洋酒。结账时酒店欲按标价收费，关某拒付。下列哪一选项是正确的？

A. 关某应按标价付款

B. 关某应按市价付款

C. 关某不应付款

D. 关某应按标价的一半付款

### 5.4.3 合同的履行和担保

#### 5.4.3.1 合同的履行

1. 合同履行的含义

合同履行是指合同生效后，各方当事人按照合同的规定，全面履行各自的义务，实现各自的权利，使各方的目的得以实现的行为。

2. 合同履行的原则

(1) 全面履行的原则。全面履行是指当事人应当按照合同约定的标的、价款、数量、质量、地点、期限、方式等全面履行各自的义务。

合同有明确约定的，应当按照约定履行。如果合同生效后，双方当事人就质量、价款、履行地点等内容没有约定或者约定不明的，可以协议补充。不能达成补充协议的，按照合同有关条款或者交易习惯确定。如果按照上述办法仍不能确定合同如何履行的，使用下列规定进行履行。

1) 质量要求不明的，按照国家标准、行业标准履行；没有国家、行业标准的，按照通常标准或者符合合同目的的特定标准履行。

2) 价款或报酬不明的，按照订立合同时履行地的市场价格履行；依法应当执行政府定价或者政府指导价的，按规定履行。如果执行政府定价或政府指导价的，在合同约定的交付期限内价格调整的，按照交付时的价格计价。逾期交付标的物的，遇价格上涨时按照原价格执行；遇到价格下降时，按新价格执行。逾期提取标的物或者逾期付款的，遇价格上涨时按照新价格执行；遇到价格下降时，按原价格执行。

3) 履行地点不明确的，给付货币的，在接受货币一方所在地履行；交付不动产的，在不动产所在地履行；其他标的在履行义务一方所在地履行。

4) 履行期限不明确的，债务人可以随时履行，债权人也可以随时要求履行，但应当给对方必要的准备时间。

5）履行方式不明确的，按照有利于实现合同目的的方式履行。

6）履行费用的负担不明确的，由履行义务一方承担。

（2）遵守诚实信用原则。《合同法》规定：当事人应当遵循诚实信用原则，根据合同的性质、目的和交易习惯，履行通知、协助、保密等义务。

（3）实际履行原则。合同当事人应严格按照合同规定的标的完成合同义务，而不能用其他标的代替。鉴于客观经济活动的复杂性和多变性，在具体执行该原则时，还应根据实际情况灵活掌握。

3. 合同履行的保护措施

为了保证合同的履行，保护当事人的合法权益，维护社会经济秩序，促使责权能够实现，防范合同欺诈，在合同履行过程中，需要通过一定的法律手段使受损害一方的当事人能维护自己的合法权益。为此，合同法专门规定了当事人的抗辩权和保全措施。

（1）合同履行中的抗辩权。抗辩权是指在双务合同中，当事人一方有依法对抗对方要求或否决对方权利主张的权利。

1）同时履行抗辩权。当事人互负债务，没有先后履行顺序的，应当同时履行。同时履行抗辩权包括：一方在对方履行之前有权拒绝其履行要求；一方在对方履行债务不符合约定时，有权拒绝其相应的履行要求。产生的后果，由违约方承担。

同时履行抗辩权的适用条件是：①必须是双务合同；②合同中未约定履行的顺序，即当事人应当同时履行债务；③对方当事人没有履行债务或者履行债务不符合合同约定；④对方当事人有全面履行合同债务的能力。

2）后履行抗辩权。后履行抗辩权也包括两种情况：当事人互负债务，有先后履行顺序的，应当先履行的一方未履行时，后履行的一方有权拒绝其对本方的履行要求；应当先履行的一方履行债务不符合规定的，后履行的一方也有权拒绝其相应的履行要求。

后履行抗辩权的适用条件是：①必须是双务合同；②合同中约定了履行的顺序；③应当先履行一方没有履行债务或者履行债务不符合合同约定；④应当先履行一方当事人有全面履行合同债务的能力。

3）不安抗辩权。不安抗辩权也称终止履行，是指合同中约定了履行的顺序，合同成立后发生了应当后履行合同一方财务状况恶化等情况，应当先履行一方在对方未履行或者提供担保前有权拒绝先为履行。

《合同法》规定，应当先履行一方有确切证据证明对方有下列情形之一的，可以中止履行：经营状况严重恶化；转移财产、抽逃资金以逃避债务的；丧失商业信誉；有丧失或者可能丧失履行债务能力的其他情况。

不安抗辩权应满足的条件为：①必须是双务合同，且合同中约定了履行的顺序；②先履行一方的债务履行期已届，而后履行一方履行期限未届；③后履行一方丧失或者可能丧失履行债务能力，证据确切；④合同中未约定担保。

（2）合同履行不当的处理。

1）因债权人的原因致使债务人履行困难。①债务人可以暂时中止合同的履行或延期履行合同；②债务人可将标的物提存。

2）提前或部分履行的处理。债务人提前履行债务或部分履行债务，债权人可以拒绝，由此增加的费用由债务人承担。但不损害债权人利益且债权人同意的情况除外。

3）合同不当履行中的保全措施。保全措施是指为防止因债务人的财产不当减少而给债权人带来危害时，允许债权人为确保其债权的实现而采取的法律措施。这些措施包括代位权和撤销权两种。

a. 代位权。代位权是指因债务人怠于行使其到期债权，对债权人造成损害的，债权人可以向人民法院请求以自己的名义代位行使债务人的债权。

如建设单位拖欠施工单位工程款，施工单位拖欠施工人员工资，而施工单位不向建设单位追讨，同时，也不给施工人员发放工资，则施工人员有权向人民法院请求以自己的名义直接向建设单位追讨。如图 5.2 所示。

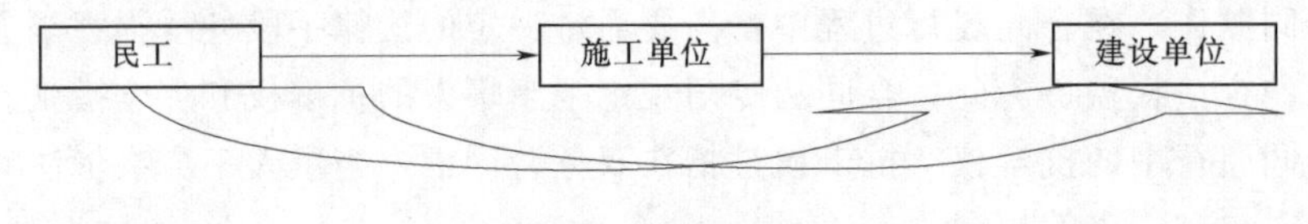


图 5.2 追讨流程

代位权的行使范围以债权人的债权为限，其发生的费用由债务人承担。

**【例题】** 下列有关合同履行中行使代位权的说法，正确的是（　　）。（2008 年单选第 7 题）

A. 债权人必须以债务人的名义行使代位权

B. 债权人代位权的行使必须取得债务人的同意

C. 代位权行使的费用由债权人自行承担

D. 债权人代位权的行使必须通过诉讼程序，且范围以其债权为限

**答案：** D

b. 撤销权。撤销权是指因债务人放弃其到期债权或者无偿转让财产，对债权人造成损害的，债权人可以请求人民法院撤销债务人的行为。

债务人以明显不合理的低价转让财产，对债权人造成损害，并且受让人知道该情形的，债权人可以请求人民法院撤销债务人的行为。

撤销权自债权人知道或者应当知道撤销事由之日起 1 年内行使。自债务人的行为发生之日起 5 年内没有行使撤销权的，该撤销权消灭。

#### 5.4.3.2 合同的担保

1. 合同的担保概述

合同担保指合同当事人依据法律规定或双方约定，由债务人或第三人向债权人提供的以确保债权实现和债务履行为目的的措施。如保证、抵押、质押、留置等。两者都旨在保障债务的履行和债权的实现。

2. 合同担保方式

《担保法》规定的担保方式有五种：保证、抵押、质押、留置和定金。

（1）保证。《担保法》规定：保证是指保证人和债权人约定，当债务人不履行债务时，保证人按照约定履行债务或承担责任的法律行为。

1）保证的法律特征。保证具有以下法律特征。

a. 保证属于人的担保范畴。它不是用特定的财产提供担保，而是以保证人的信用和不特定的财产为他人债务提供担保。

b. 保证人必须是主合同以外的第三人。保证必须是债权人和债务人以外的第三人为他人债务所作的担保，债务人不得为自己的债务作保证。

c. 保证人应当具有代为清偿债务的能力。保证是以保证人的信用和不特定的财产来担保债务履行的，因此，设定保证关系时，保证人必须具有足以承担保证责任的财产。具有代为清偿能力是保证人应当具备的条件。

d. 保证人和债权人可以在保证合同中约定保证的方式，享有法律规定的权利，承担法律规定的义务。

2）保证人的资格。《担保法》对保证人的资格作了规定。保证人必须是具有代为清偿债务能力的人，既可以是法人也可以是其他组织或公民。下列人不可以做保证人。

a. 国家机关不得做保证人，但经国务院批准为使用外国政府或国际经济组织贷款而进行的转贷除外。

b. 学校、幼儿园、医院等以公益为目的的事业单位、社会团体不得做保证人。

c. 企业法人的分支机构、职能部门不得做保证人，但有法人书面授权的，可在授权范围内提供保证。

3）保证合同内容。保证人与债权人应当以书面形式订立保证合同。保证合同应包括以下内容。

a. 被保证的主债权种类、数量。

b. 债务人履行债务的期限。

c. 保证的方式。

d. 保证担保的范围。

e. 保证的期限。

f. 双方认为需要约定的其他事项。

4）保证方式。保证的方式有两种，一是一般保证，二是连带保证。

a. 一般保证。一般保证是指当事人在保证合同中约定，债务人不能履行债务时，由保证人承担保证责任的保证方式。

一般保证的保证人在主合同纠纷未经审判或者仲裁，并就债务人财产依法强制执行仍不能履行债务前，对债权人可以拒绝承担保证责任。有下列情形之一的，保证人不得行使前款规定的权利：①债务人住所变更，致使债权人要求其履行债务发生重大困难的；②人民法院受理债务人破产案件，中止执行程序的；③保证人以书面形式放弃前款规定的权利的。

b. 连带保证。连带保证是指当事人在保证合同中约定保证人与债务人对债务承担连带责任的，为连带责任保证。连带责任保证的债务人在主合同规定的债务履行期届满没有履行债务的，债权人可以要求债务人履行债务，也可以要求保证人在其保证范围内承担保证责任。

保证范围包括主债权及利息、违约金、损害赔偿金和实现债权的费用。保证合同另有约定的，按照约定。当事人对保证责任范围无约定或约定不明确的，保证人应对全部债务承担责任。

保证期间，债权人依法将主债权转让给第三人的，保证人在原保证担保的范围内继续担保保证责任。保证合同另有约定的，按照约定执行。

保证期间，债权人许可债务人转让债务的，应当取得保证人书面同意，保证人对未经其同意转让的债务，不再承担债务。

债权人与债务人协议变更主合同的，应当取得保证人书面同意，未经保证人书面同意的，保证人不再承担保证责任。保证合同另有约定的，按照约定执行。

（2）抵押。

1）抵押是指债务人或者第三人不转移对特定财产（主要是不动产）的占有，将该财产作为债权的担保。

2）抵押具有以下法律特征。①抵押权是一种他物权，抵押权是对他人所有物具有取得利益的权利，当债务人不履行债务时，债权人（抵押权人）有权依照法律以抵押无折价或者从变卖抵押物的价款中得到清偿；②抵押权是一种从物权，抵押权将随着债权的发生而发生，随着债权的消灭而消灭；③抵押权是一种对抵押物的优先受偿权，在以抵押物的折价受偿债务时，抵押权人的受偿权优先于其他债权人；④抵押权具有追及力，当抵押人将抵押物擅自转让他人时，抵押人可追及抵押物而行使权力。

3）根据担保法的规定，可以抵押的财产有：①抵押人所有的房屋和其他地上定着物；②抵押人所有的机器、交通运输工具和其他财产；③抵押人依法有权处分的国有土地使用权；④抵押人依法有权处分的国有机器、交通运输工具和其他财产；⑤抵押人依法承包并经发包方同意抵押的荒山、荒沟、荒丘、荒滩等荒地的土地使用权；⑥依法可以抵押的其他财产。

抵押人可以将前面所列财产一并抵押，但抵押人所担保的债权不得超出其抵押物的价值。

4）根据担保法，禁止抵押的财产有：①土地所有权；②耕地、宅基地、自留地、自留山等集体所有的土地使用权，抵押人依法承包并经发包方同意抵押的荒山、荒沟、荒丘、荒滩等荒地的土地使用权以乡镇村企业厂房等建筑抵押的除外；③学校、幼儿园、医院等以公益为目的的事业单位、社会团体的教育设施、医疗设施和其他社会公益设施；④所有权、使用权不明确或有争议的财产；⑤依法被查封、扣押、监管的财产；⑥依法不得抵押的其他财产。

5）采用抵押方式担保时，抵押人和抵押权人应当以书面形式订立抵押合同。抵押合同应当包括以下内容：①被担保的主债权种类、数额；②债务人履行债务的期限；③抵押物的名称、数量、质量、状况、所在地、所有权权属或者使用权权属；④抵押担保的范围，抵押担保的范围包括主债权及利息、违约金、损害赔偿金和实现抵押权的费用；⑤当事人认为需要约定的其他事项。

法律规定，抵押人以土地使用权、城市房地产权等财产作为抵押物时，当事人应到有关主管登记部门办理抵押物登记手续，抵押合同自登记之日起生效。当事人以其他财产抵押的，可以自愿办理抵押物登记，抵押合同自签订之日起生效。

6）抵押物转让。《担保法》第 49 条规定：抵押期间，抵押人转让已办理登记的抵押物的，应当通知抵押权人并告知受让人转让物已经抵押的情况；抵押人未通知抵押权人或者未告知受让人的，转让行为无效。

转让抵押物和价款明显低于其价值的，抵押权人可以要求抵押人提供相应的担保；抵押人不提供的，不得转让抵押物。

抵押人转让抵押物所得的价款，应当向抵押权人提前清偿所担保的债权或者向与抵押权人约定的第三人提存。超过债权数额的部分，归抵押人所有，不足部分由债务人清偿。

抵押权与其担保的债权同时存在，债权消灭时，抵押权也消灭。

（3）质押。

1）质押的概念。质押是指债务人或第三人将其动产或权利转移债权人占有，用以担保债权的实现，当债务人不能履行债务时，债权人依法有权就该动产或权利优先得到清偿的担保法律行为。

质押担保的当事人，即质权人债务人或者第三人为出质人；出质人移交的动产为质物。

2）分类。质押包括动产质押和权利质押两种。

a. 动产质押。

(a) 动产质押的概念。动产质押是指债务人或者第三人将其动产移交债权人占有，将该动产作为债权。债务人不履行债务时，债权人有权依照法律规定以该动产折价或者以拍卖、变卖该动产的价款优先受偿的法律行为。

(b) 动产质押合同。出质人和质权人应当以书面形式订立动产质押合同。质押合同自质物移交于质权人占有时生效。质押合同的内容应符合法律规定，当合同不具备法律规定的内容的，可以补正。出质人和质权人在合同中不得约定在债务履行期限届满质权人未受清偿时，质物的所有权转移为质权人所有。

(c) 质押担保的范围。质押担保包括主债权及利息、违约金、损害赔偿金、质物保管费用和实现质权的费用。质押合同另有约定的，按照约定执行。质权人有权收取质物所生的利息。

(d) 质权人的义务。质权人负有妥善保管质物的义务。因保管不善致使质物灭失或者毁损的，质权人应当承担民事责任。

质权人不能妥善保管质物可能致使其灭失或者毁损的，出质人可以要求质权人将质物提存，或者要求提前清偿债权而返还质物。

b. 权利质押。

(a) 权利质押的概念。权利质押是指出质人将其法定的可以质押的权利凭证交付质权人，以担保质权人的债权得以实现的法律行为。

(b) 出质人、质权人和质押的权利。将权利出质与他人者为出质人；享有质押权利者为质权人。

(c) 法律规定下列权利可以质押：汇票、支票、本票、债券、存款单、仓单、提单；依法可以转让的股份、股票；依法可以转让的商标专用权，专利权，著作权中的财产权；依法可以质押的其他权利。

(d) 权利质押合同。出质人与质权人应当依法订立书面合同。以汇票、支票、本票、债券、存款单、仓单、提单出质的，应当在合同约定的期限内将权利凭证交付质权人。质押合同自权利凭证交付之日起生效。以依法可以转让的股票出质的，出质人与质权人应当订立书面合同，并向证券登记机构办理出质登记。质押合同自登记之日起生效。

(e) 知识产权的质押。出质人将依法可以转让的商标专用权、专利权、著作权中的财产权出质后，出质人不得转让或者许可他人使用，但经出质人与质权人协商同意的可以转让或者许可他人使用。出质人所得的转让费、许可费应当向质权人提前清偿所担保的债权或者向与质权人约定的第三人提存。

(4) 留置。

1) 留置的概念。留置是指合同当事人一方依据法律规定或合同约定，占有合同中对方的财产，有权留置以保护自身合法利益的法律行为。

因保管合同、运输合同、加工承揽合同发生的债权，债务人不履行债务的，债权人有留置权。法律规定可以留置的其他合同，债权人也享有留置权。

2) 留置合同，留置担保的范围和留置物。

a. 留置合同。合同当事人双方为调整债权、债务关系应签订留置合同，以保障债权人和债务人的合法权益。债权人为留置权人，债务人为留置人。

b. 留置担保的范围。留置担保包括主债权及利息、违约金、损害赔偿金，留置物保管费用和为实现留置权的费用。

c. 留置物。《担保法》规定：债权人按照合同约定占有债务人的动产。留置的财产为可分的，留置物的价值应当相当于债务的金额。

(5) 定金。

1) 定金的概念。定金是指合同当事人一方为了证明合同的成立和担保合同的履行，在按合同规定应给付的款额内，向对方预先给付一定数额的货币。定金的数额由当事人约定，但不得超过主合同标的额的20%。

2) 定金合同和当事人的权利义务。

a. 定金合同。当事人采用定金方式作担保时，应签订书面合同。

b. 当事人的权利义务。定金合同从实际交付定金之日起生效。定金是根据合同的约定，需方向供方给付或者需方应供方的要求给付一定数额货币所作出的担保。法律规定债务人履行债务后，定金应当抵作价款或者收回。给付定金的一方不履行约定的债务的，无权要求返还定金；收受定金的一方不履行约定的债务的，应当双倍返还定金。

#### 5.4.3.3 合同履行的案例分析

1. 合同履行

**【案例1】**

某村配电室（供电方，以下简称甲方）与该村粮食加工专业户杨某（用电方，以下简称乙方）签订了供用电合同。合同生效后，甲方按照国家规定的供电标准和合同的约定，保证了供电的安全性和连续性。但乙方没按时交纳电费，甲方诉至法院，要求乙方交纳电费。在诉讼期间，电费上涨，请问法院应该如何判决？并说明理由。

**【案例2】**

甲公司为开发新项目，急需资金。2000年3月12日，向乙公司借钱15万元。双方谈妥，乙公司借给甲公司15万元，借期6个月，月息为银行贷款利息的1.5倍，至2000年9月12日本息一起付清，甲公司为乙公司出具了借据。甲公司因新项目开发不顺利，未盈利，到了9月12日无法偿还欠乙公司的借款。某日，乙公司向甲公司催促还款无果，但得到一信息，某单位曾向甲公司借款20万元，现已到还款期，某单位正准备还款，但甲公司让某单位不用还款。

于是，乙公司向法院起诉，请求甲公司以某单位的还款来偿还债务，甲公司辩称该债权已放弃，无法清偿债务。

试分析：

a. 甲公司的行为是否构成违约？为什么？

b. 乙公司是否可针对甲公司的行为行使撤销权？为什么？

**【案例3】**

甲公司与乙公司签订一份买卖木材合同，合同约定买方甲公司应在合同生效后15日内向卖方乙公司支付40%的预付款，乙公司收到预付款后3日内发货至甲公司，甲公司收到货物验收后即结清余款。乙公司收到甲公司40%预付款后的2日即发货至甲公司。甲公司收到货物后经验收发现木材质量不符合合同约定，遂及时通知乙公司并拒绝支付余款。

试分析：

a. 甲公司拒绝支付余款是否合法？

b. 甲公司的行为若合法，法律依据是什么？

c. 甲公司行使的是什么权利？若行使该权利必须具备什么条件？

**【案例4】**

甲乙两公司签订钢材购买合同，合同约定：乙公司向甲公司提供钢材，总价款500万元。甲公司预支价款200万元。在甲公司即将支付预付款前，得知乙公司因经营不善，无法交付钢材，并有确切证据证明。于是，甲公司拒绝支付预付款，除非乙公司能提供一定的担保，乙公司拒绝提供担保。为此，双方发生纠纷并诉至法院。

试分析：

a. 甲公司拒绝支付余款是否合法？

b. 甲公司的行为若合法，法律依据是什么？

c. 甲公司行使的是什么权利？若行使该权利必须具备什么条件？

**【案例5】**

某市胜利电镀厂（以下简称甲方）从1996年起为某市汽车油箱厂（以下简称乙方）加工电镀零配件。至1999年，双方业务往来加工额已达9万余元，同时乙方欠甲方的加工制作费47000余元迟迟未给付。2000年5月，乙方更名为市汽车制造厂。甲方向汽车制造厂追索欠款时，该厂以“原厂撤销，厂长更换，汽车油箱厂的债务与本厂无关”为由，拒绝偿还。2000年8月，甲方诉至该市某区人民法院。

试分析：

a.《合同法》对此有无规定？若有规定，请回答其主要内容。

b. 根据法律规定，某市汽车制造厂是否应承担偿还乙方债务的义务？为什么？

c. 此案应如何处理？

2. 债权的转让案例

2008 年 10 月 15 日，甲公司与乙公司签订合同，合同约定由乙公司于 2009 年 1 月 15 日向甲公司提供一批价款为 50 万元电脑配件，2008 年 12 月 1 日甲公司因销售原因，需要乙公司提前提供电脑配件，甲公司要求提前履行的请求被乙公司拒绝，甲公司为了不影响销售，只好从外地进货，随后将对乙公司的债权转让给了丙公司，但未通知乙公司。丙公司与 2009 年 1 月 15 日去乙公司提货时遭拒绝。

试分析：

(1) 乙公司拒绝丙公司提货有无法律依据？为什么？

(2) 甲公司与丙公司的转让合同是否有效？如何处理。

3. 违约责任案例

某市朝阳玻璃制品厂（以下简称甲方）与某市天然气供应公司（以下简称乙方）签订了常年供气合同。合同规定，乙方每天向甲方供应生产用气 $4000m^3$，如减少或停供须提前五天通知甲方做好准备。甲方按月结清天然气款。双方约定，甲方向乙方交付定金 5 万元。

合同签订后不久，随着用气单位的增多，天然气供应日趋紧张，有些用气单位向乙方许诺可以购买高价气。乙方为追求本单位的经济效益，要求甲方减少用气 $2000m^3$，甲方不同意。乙方在未提前通知的情况下，单方突然停止向甲方供气，致使甲方生产设备受损，造成损失约 4 万元。甲方派人前去乙方交涉，要求其保证供气，并双倍返还其已交付的定金。乙方不同意。甲方遂向某市人民法院起诉，要求乙方继续履行合同，双倍返还其已交付的定金，赔偿其他损失。

试分析：

(1) 该合同是否为有效合同？

(2) 甲方的诉讼请求有无法律依据？并说明理由。

(3) 本案如何处理？

### 5.4.4 合同的变更、转让、终止

#### 5.4.4.1 合同的变更

1. 合同变更的概念

合同变更，是指合同依法成立后，在尚未履行或尚未完全履行时，当事人依法经过协商，对合同的内容进行修订或调整所达成的协议。

2. 合同变更的法律规定

《合同法》第 77 条规定：当事人协商一致，可以变更合同。法律、行政法规规定变更合同应当办理批准、登记手续的，依照其规定。

法律还规定当事人因重大误解、显失公平、欺诈、胁迫或乘人之危而订立的合同，受损害一方有权请求人民法院或者仲裁机构变更或撤销。

3. 合同变更必须遵守法定的形式

《合同法》规定，法律、行政法规规定变更合同应当办理批准、登记等手续的，依照其规定。因此，当事人变更有关合同时，必须按照规定办理批准、登记手续，否则合同之变更不发生效力。

4. 合同变更内容约定不明确的法律规定

《合同法》第78条规定：当事人对合同变更的内容约定不明确的，推定为未变更。此项规定，是指当事人对合同变更的内容约定含义不清，令人难以判断约定的新内容与原合同的内容的本质区别。

有效的合同变更，必须有明确的合同内容的变更。合同的变更，是指合同内容局部的、非实质性的变更，也即合同内容的变更并不会导致原合同关系的消灭和新的合同关系的产生。合同内容的变更，是在保持原合同效力的基础上，所形成的新的合同关系。此种新的合同关系应当包括原合同的实质性条款的内容。

**5.4.4.2** 合同的转让

1. 合同转让的概念

合同转让，是指合同成立后，当事人依法可以将合同中的全部权利、部分权利或者合同中的全部义务、部分义务转让或转移给第三人的法律行为。合同转让分为权利转让和义务转移，《合同法》还规定了当事人将权利和义务一并转让时适用的法律条款。

2. 债权人转让权利

（1）债权转让的概念。债权转让是指合同债权人通过协议将其债权全部或者部分转让给第三人的行为。债权转让又称债权让与或合同权利的转让。

（2）债权转让的法律规定。《合同法》第79条规定：债权人可以将合同的权利全部或者部分转让给第三人，但是下列情形之一的除外：根据合同性质不得转让；按照当事人约定不得转让；依照法律规定不得转让。

《合同法》第80条规定：债权人转让权利的，应当通知债务人。未经通知，该转让对债务人不发生效力。债权从转让权利的通知不得撤销，但经受让人同意的除外。

《合同法》第81条规定：债权人转让权利的，受让人取得与债权有关的从权利，但该从权利专属于债权人自身的除外。法律规定，受让人取得与债权有关的从权利，是指债权人转让债权时，从属于主债权的从权利也随主权利转让给受让人而发生转让。

《合同法》第82条规定：债务人接到债权转让通知后，债务人对让与人的抗辩，可以向受让人主张。法律规定，债权人转让债权后，债务人对让与人的抗辩权仍然可以对抗受让人。依据上述规定，为了保护债务人不因合同权利转让而处于不利地位，债务人得以对抗原债权人的抗辩权，亦得以对抗新的债权人，即受让人。

《合同法》第83条规定：债务人接到债权转让通知时，债务人对让与人享有债权，并且债务人的债权先于转让的债权到期或者同时到期的，债务人可以向受让人主张抵销。

法律规定，债务人对让与人的抵销权可以向受让人行使。依据规定，既然受让人接受了让与人的债权，那么，为了保护债务人的利益不受侵害，受让人对于让与人基于同一债权而应该承担的义务也应承受，包括债务人的清偿抵销权。

3. 债务人转移义务

（1）债务转移的概念。债务转移是指合同债务人与第三人之间达成协议，并经债权人同意，将其义务全部或部分转移给第三人的法律行为。债务转移又称债务承担或合同义务转让。

（2）债务转移的法律规定。《合同法》第84条规定：债务人将合同的义务全部或者部分转移给第三人的，应当经债权人同意。

《合同法》第85条规定：债务人转移义务的，新债务人可以主张原债务人对债权人的抗辩。

《合同法》第86条规定：债务人转移义务的，新债务人应当承担与主债务有关的从债务，但该从债务属于原债务人自身的除外。

债权债务的概括转让有两种方式：一为合同转让，即依据当事人之间的约定而发生的债权债务的转移；二为因企业的合并而发生的债权债务的转移。《合同法》第88条所作的规定是指合同转让。合同转让，又称合同承担，是指当事人一方与他人订立合同之后，又与第三人约定并经当事人另一方的同意，由第三人取代自己在合同关系中的法律地位，享有合同中的权利和承担合同中的义务。

**5.4.4.3** 合同的终止

1. 合同终止的概念

合同终止是指因某种原因而引起的合同权利义务客观上不复存在。

2. 合同终止的原因

《合同法》第91条规定：导致合同终止的原因主要有：履行、解除、抵消、提存、免除、混同。

(1) 债务已经按照约定履行。

(2) 合同解除。

(3) 债务相互抵消。

(4) 债务人依法将标的物提存。

(5) 债权人免除债务。

(6) 债权债务同归于一人。

(7) 法律规定或者当事人约定终止的其他情形。

3. 合同解除

(1) 合同解除的概念。合同解除是指合同当事人依法行使解除权或者双方协商决定，提前解除合同效力的行为，合同解除包括：约定解除、法定解除。

(2) 合同解除的法律规定。

1) 约定解除合同。《合同法》第93条规定：当事人协商一致，可以解除合同。当事人可以约定一方解除合同的条件。解除合同的条件成就时，解除权人可以解除合同。①当事人协商一致，可以解除合同。是指合同当事人双方都同意解除合同，而不是单方行使解除权；②约定一方解除合同条件的解除。是指当事人在合同中约定解除合同的条件，当合同成立之后，全部履行之前，由当事人一方在某种情形出现后享有解除权，从而终止合同关系。

2) 法定解除合同。《合同法》第94条规定：有下列情形之一的，当事人可以解除合同：①因不可抗力致使不能实现合同目的；②在履行期限届满之前，当事人一方明确表示或者以自己的行为表明不履行主要债务；③当事人一方迟延履行主要债务，经催告后在合理期限内仍未履行；④当事人一方迟延履行债务或者有其他违约行为致使不能实现合同目的；⑤法律规定的其他情形。

3) 合同解除的法律后果。《合同法》第97条规定：合同解除后，尚未履行的，终止履行；已经履行的，根据履行情况和合同性质，当事人可以要求恢复原状、采取其他补救措施，并有权要求赔偿损失。

4）合同终止后的结算和清理。《合同法》第98条规定：合同的权利义务终止，不影响合同中结算和清理条款的效力。

依照法律规定，合同终止是合同债权债务关系的消灭，此种债权债务关系的消灭不影响合同当事人关于经济往来的结算以及合同终止后如何处理合同中遗留问题的效力。

**5.4.4.4** 合同的变更、转让、终止案例分析

1. 合同的变更

**【案例1】**

合同的履行承担转移还是合同的债务转移。

甲与乙在2000年5月8日签订了一份购销大米的合同，合同约定：乙供给甲一级大米3000t，2000年9月30日以前交货，货到后付款，每吨1500元。合同签订后，乙又与某粮站签订了一份合同，合同规定：由粮站将3000t一级大米于2000年9月底以前送至甲处，货到并经验收后，由乙向该粮站按每吨1200元支付货款。该粮站在合同订立以后，四处筹集大米，于2000年9月21日将3000t大米送至甲处，经验收因品质不合格甲拒绝收货。2000年11月甲以乙违约为由，向法院提起诉讼，请求乙承担违约责任。但乙认为他已将债务移转给粮站，此系粮站违约所致，与己无关。

请问：(1) 乙的理由成立吗？

(2) 法院应如何认定本案的责任承担问题？

**【案例2】**

当事人于订立合同后发生分立的，如何承担合同责任？

1996年1月至1997年6月，中国工商银行某市支行与某市海龙针织有限公司先后签订了流动资金借款合同24份，工商银行贷款给海龙针织有限公司1400万元，海龙针织有限公司以其房产作为抵押。合同规定借款期限为2年，到期本金和利息一次性付清。合同生效后，工商银行依约提供了贷款1400万元。借款期限届至后，海龙针织有限公司却仅仅归还本金100万元。工商银行多次催讨其余本金和利息，均无结果。自1997年1月至1999年3月，海龙针织有限公司为盘活企业资产，经市经委同意，实行了“剥离分立”的改制，先后开办了三家公司。金龙制衣公司由海龙针织有限公司出资27.5万元，职工集资5万元注册成立；佳达制衣公司由海龙针织有限公司出资30万元注册成立；益安衣料贸易公司由海龙针织有限公司出资30万元，职工集资4万元注册成立。1999年8月，工商银行向法院起诉，以海龙针织有限公司欠贷不还，又将企业部分资产分出成立法人企业，新的法人企业拒不承担原先的债务，损害其合法权益为由，诉请海龙针织有限公司及其开办的3家公司共4个被告共同承担连带责任。海龙针织有限公司答辩称，其开办三家公司是按照市经委的决定，剥离分立，盘活企业资产，并未损害银行利益。

问：谁承担责任？

A. 海龙公司　　B. 新开办的三家公司　　C. 海龙公司和新开办的三家公司

2. 合同的终止

**【案例1】**

兴达公司与山川厂于某年12月30日签订了一份财产租赁合同。合同规定兴达公司租

用山川厂5台翻斗车拉运土方，租赁期为1年，租金必须按月付清，逾期未付，承租人承担滞纳金；超过30天仍不付清租金的，出租方有权解除合同。次年2月1日兴达公司接车后。未付租金。山川厂两次书面通知兴达公司按约付租金，并言明逾期将依约解除合同。但兴达公司仍未付。同年6月10日，山川厂单方通知解除与兴达公司的合同，并向兴达公司提起诉讼，要求赔偿其损失12000元。

问：(1) 山川厂是否有权解除合同?

(2) 山川厂的损失应由谁承担?

**【案例2】**

当事人发出解除合同的通知，是否必然导致合同的解除?

1993年2月，重庆建兴房地产公司与重庆九龙坡房地产公司签订了一份危房改造开发建设协议书。双方约定，由九龙坡公司负责整个危房改造工程施工的一切手续，实施危房拆迁，建兴公司负责危房改造工程的资金筹措。任何一方违约，均应赔偿对方损失费5万元。协议签订后，1993年2月15日，建兴公司即向九龙坡公司支付费用5万元，后又分5次支付费用42万元。九龙坡公司在合同签订后即开始办理拆迁手续，至6月7日方办完拆迁许可证。建兴公司对九龙坡公司的工作进展缓慢不满，双方于12月6日又约定，九龙坡公司须于1994年春节前完成拆迁工作。1994年3月，九龙坡公司通知建兴公司其拆迁工作即将展开。要求保证资金到位，建兴公司口头承诺再支付20万元拆迁费并要求在6月底完成拆迁工作。事实上，建兴公司未再付款，九龙坡公司自筹资金65万元于1994年5月底完成拆迁工作。之后，建兴公司要求双方再签一份补充合同，但后又因故未签。1994年6月，九龙坡公司向建兴公司发出解除合同通知书，建兴公司对此明确表示反对。但九龙坡公司仍然另与四川涪陵建设工程公司签订了工程联建合同。建兴公司遂向法院起诉，要求对方承担违约责任，九龙坡公司答辩称，建兴公司未按时支付拆迁费用，建兴公司违约在先。

问：(1) 解除合同需要怎样的程序要求?

(2) 法院支不支持建兴公司的主张?

### 5.4.5 建设工程施工承包合同的类型与选择

#### 5.4.5.1 建设工程施工合同的概念

建设工程施工合同即建筑安装工程承包合同，是发包人与承包人之间为完成商定的建设工程项目，明确双方权利和义务的协议。依据施工合同，承包人应完成一定的建筑、安装工程任务，发包人应提供必要的施工条件并支付工程价款。

施工合同是建设工程合同的一种，它与其他建设工程合同一样，是一种双务合同，在订立时也应遵守自愿、公平、诚实信用等原则。

建设工程施工合同是建设工程合同的主要合同，是工程建设质量控制、进度控制、投资控制的主要依据。通过合同关系，可以确定建设市场主体之间的相互权利义务关系，这对规范建筑市场有重要作用。1999年3月15日九届全国人大第二次会议通过、1999年10月1日开始实施的《中华人民共和国合同法》对建设工程合同做了专章规定。《中华人民共和国建筑法》(1997年1月1日通过、1998年3月1日开始实施)、《中华人民共和国招标投标法》(1999年8月30日通过、2000年1月开始实施) 也有许多涉及建设工程施工合同的规定。这些法律是我国建设工程施工合同管理的依据。

**5.4.5.2** 建设工程施工合同的类型与选择

按计价方式不同，建设工程施工合同可以划分为总价合同、单价合同和成本加酬金合同三大类。根据招标准备情况和建设工程项目的特点不同，建设工程施工合同可选用其中的任何一种。

1. 总价合同

总价合同又分为固定总价合同和可调总价合同。

(1) 固定总价合同。承包商按投标时业主接受的合同价格一笔包死。在合同履行过程中，如果业主没有要求变更原定的承包内容，承包商在完成承包任务后，不论其实际成本如何，均应按合同价获得工程款的支付。

采用固定总价合同时，承包商要考虑承担合同履行过程中的全部风险，因此，投标报价较高。固定总价合同的适用条件一般为：①工程招标时的设计深度已达到施工图设计的深度，合同履行过程中不会出现较大的设计变更，以及承包商依据的报价工程量与实际完成的工程量不会有较大差异；②工程规模较小、技术不太复杂的中小型工程或承包内容较为简单的工程部位。这样，可以使承包商在报价时能够合理地预见到实施过程中可能遇到的各种风险；③工程合同期较短（一般为1年之内），双方可以不必考虑市场价格浮动可能对承包价格的影响。

(2) 可调总价合同。这类合同与固定总价合同基本相同，但合同期较长（1年以上），只是在固定总价合同的基础上，增加合同履行过程中因市场价格浮动对承包价格调整的条款。由于合同期较长，承包商不可能在投标报价时合理地预见1年后市场价格的浮动影响，因此，应在合同内明确约定合同价款的调整原则、方法和依据。常用的调价方法有：文件证明法、票据价格调整法和公式调价法。

2. 单价合同

单价合同是指承包商按工程量报价单内分项工作内容填报单价，以实际完成工程量乘以所报单价确定结算价款的合同。承包商所填报的单价应为计入各种摊销费用后的综合单价，而非直接费单价。

单价合同大多用于工期长、技术复杂、实施过程中发生各种不可预见因素较多的大型土建工程，以及业主为了缩短工程建设周期，初步设计完成后就进行施工招标的工程。单价合同的工程量清单内所开列的工程量一般为估计工程量，而非准确工程量。

3. 成本加酬金合同

成本加酬金合同时将工程项目的实际造价划分为直接成本费和承包商完成工作后应得酬金两部分。工程实施过程中发生的直接成本费由业主实报实销，另按合同约定的方式付给承包商相应报酬。

成本加酬金合同大多适用于边设计、边施工的紧急工程或灾后修复工程。由于在签订合同时，业主还不可能为承包商提供用于准确报价的详细资料，因此，在合同中只能商定酬金的计算方法。在成本加酬金合同中，业主需承担工程项目实际发生的一切费用，因而也就承担了工程项目的全部。而承包商由于无风险，其报酬往往也较低。

按照酬金的计算方式不同，成本加酬金合同的形式有：成本加固定酬金合同、成本加固定百分比酬金合同、成本加浮动酬金合同、目标成本加奖罚合同等。

在传统承包模式下，不同计价方式的合同类型比较见表5.1。

表5.1　　不同计价方式合同类型比较

<table>
<tr><td rowspan="2">合同类型</td><td rowspan="2">总价合同</td><td rowspan="2">单价合同</td><td colspan="4">成本加酬金合同</td></tr>
<tr><td>百分比酬金</td><td>固定酬金</td><td>浮动酬金</td><td>目标成本加奖罚</td></tr>
<tr><td>应用范围</td><td>广泛</td><td>广泛</td><td colspan="3">有局限性</td><td>酌情</td></tr>
<tr><td>业主方造价控制</td><td>易</td><td>较易</td><td>最难</td><td>难</td><td>不易</td><td>有可能</td></tr>
<tr><td>承包商风险</td><td>风险大</td><td>风险小</td><td colspan="2">基本无风险</td><td>风险不大</td><td>有风险</td></tr>
</table>

#### 5.4.5.3　建设工程施工合同类型的选择

建设工程施工合同的形式繁多、特点各异，业主应综合考虑以下因素选择不同计价模式的合同。

1. 工程项目的复杂程度

规模大且技术复杂的工程项目，承包风险较大，各项费用不易准确估算，因而不宜采用固定总价合同。最好是有把握的部分采用总价合同，估算不准的部分采用单价合同或成本加酬金合同。有时，在同一工程项目中采用不同的合同形式，是业主和承包商合理分担施工风险因素的有效办法。

2. 工程项目的设计深度

施工招标时所依据的工程项目设计深度，经常是选择合同类型的重要因素。招标图纸和工程量清单的详细程度能否使投标人进行合理报价，取决于已完成的设计深度。表5.2中列出了不同设计阶段与合同类型的选择关系。

表5.2　　不同设计阶段与合同类型选择

| 合同类型 | 设计阶段 | 设计主要内容 | 设计要求 |
|---|---|---|---|
| 总价合同 | 施工图设计 | 1. 详细的设备清单；<br>2. 详细的材料清单；<br>3. 施工详图；<br>4. 施工图预算；<br>5. 施工组织设计 | 1. 设备、材料的安排；<br>2. 非标准设备的制造；<br>3. 施工图预算的编制；<br>4. 施工组织设计的编制；<br>5. 其他施工要求 |
| 单价合同 | 技术设计 | 1. 较详细的设备清单；<br>2. 较详细的材料清单；<br>3. 工程必需的设计内容；<br>4. 修正概算 | 1. 设计方案中重大技术问题的要求；<br>2. 有关实验方面确定的要求；<br>3. 有关设备制造方面的要求 |
| 成本加酬金合同或单价合同 | 初步设计 | 1. 总概算；<br>2. 设计依据、指导思想；<br>3. 建设规模；<br>4. 主要设备选型和配置；<br>5. 主要材料需要量；<br>6. 主要建筑物、构筑物的形式和估计工程量；<br>7. 公用辅助设施；<br>8. 主要技术经济指标 | 1. 主要材料、设备订购；<br>2. 项目总造价控制；<br>3. 技术设计的编制；<br>4. 施工组织设计的编制 |

3. 工程施工技术的先进程度

如果工程施工中有较大部分采用新技术和新工艺，当业主和承包商在这方面过去都没有经验，且在国家颁布的标准、规范、定额中又没有依据时，为了避免投标人盲目地提高承包价款或由于对施工难度估计不足而导致承包亏损，不宜采用固定价合同，而应选用成本加酬金合同。

4. 工程施工工期的紧迫程度

有些紧急工程（如灾后恢复工程等）要求尽快开工且工期较紧时，可能仅有实施方案，还没有施工图纸，因此，承包商不可能报出合理的价格，宜采用成本加酬金合同。

对于一个建设工程项目而言，采用何种合同形式不是固定的。即使在同一个工程项目中，各个不同的工程部分或不同阶段，也可采用不同类型的合同。在划分标段、进行合同策划时，应根据实际情况，综合考虑各种因素后再作出决策。

一般而言，在合同工期在1年以内且施工图设计文件已通过审查的建设工程，可选择总价合同；紧急抢修、救援、救灾等建设工程，可选择成本加酬金合同；其他情形的建设工程均宜选择单价合同。

#### 5.4.5.4 建设工程施工承包合同的类型与选择案例分析

**【案例1】**

1. 背景

某综合办公楼工程，建设单位甲通过公开招标确定本工程由乙承包商为中标单位，双方签订了工程总承包合同。由于乙承包商不具有勘察、设计能力，经甲建设单位同意，乙分别与丙建筑设计院和丁建筑工程公司签订了工程勘察设计合同和工程施工合同。勘察设计合同约定由丙对甲的办公楼及附属公共设施提供设计服务，并按勘察设计合同的约定交付有关的设计文件和资料。施工合同约定由丁根据丙提供的设计图纸进行施工，工程竣工时根据国家有关验收规定及设计图纸进行质量验收。

合同签订后，丙按时将设计文件和有关资料交付给丁，丁根据设计图纸进行施工。工程竣工后，甲会同有关质量监督部门对工程进行验收，发现工程存在严重质量问题，是由于设计不符合规范所致。原来丙未对现场进行仔细勘察即自行设计导致设计不合理，给甲带来了重大损失。并以与甲方没有合同关系为由拒绝承担责任，乙又以自己不是设计人为由推卸责任，甲遂以丙为被告向法院提起诉讼。

2. 问题

(1) 本案例中，甲与乙、乙与丙、乙与丁分别签订的合同是否有效？并分别说明理由。

(2) 甲以丙为被告向法院提起诉讼是否妥当？为什么？

(3) 工程存在严重质量问题的责任应如何划分？

**【案例2】**

1. 背景

某施工单位根据领取的某 $200m^2$ 两层厂房工程项目招标文件和全套施工图纸，采用低报价策略编制了投标文件，并获得中标。该施工单位（乙方）于某年某月某日与建设单位（甲方）签订了该工程项目的固定价格施工合同，合同工期为8个月。甲方在乙方进入施工现场后，因资金紧缺，无法如期支付工程款，口头要求乙方暂停施工一个月。乙方亦口头答应。工程按合同规定期限验收时，甲方发现工程质量有问题，要求返工。两个月后，返工完毕。结算时甲方认为乙方迟延交付工程，应按合同约定偿付逾期违约金。乙方认为临时停工是甲方要求的，乙方为抢工期，加快施工进度才出现了质量问题，因此迟延交付的责任不在乙方。甲方则认为临时停工和不顺延工期是当时乙方答应的。乙方应履行承诺，承担违约责任。

2. 问题

（1）该工程采用固定价格合同是否合适？

（2）该施工合同的变更形式是否妥当？此合同争议依据合同法律规范应如何处理？

### 5.4.6 建设工程承包合同管理

#### 5.4.6.1 工程承包合同管理的概念

工程承包合同管理指工程承包合同双方当事人在合同实施过程中自觉地、认真严格地遵守所签订的合同的各项规定和要求，按照各自的权力、履行各自的义务、维护各自的权利，发扬协作精神，处理好“伙伴关系”，做好各项管理工作，使项目目标得到完整的体现。

虽然工程承包合同是业主和承包商双方的一个协议，包括若干合同文件，但合同管理的深层涵义，应该引申到合同协议签订之前，从下面三个方面来理解合同管理，才能做好合同管理工作。

1. 做好合同签订前的各项准备工作

虽然合同尚未签订，但合同签订前各方的准备工作，对做好合同管理至关重要。

业主一方的准备工作包括合同文件草案的准备、各项招标工作的准备，做好评标工作，特别是要做好合同签订前的谈判和合同文稿的最终定稿。

合同中既要体现出在商务上和技术上的要求，有严谨明确的项目实施程序，又要明确合同双方的义务和权利。对风险的管理要按照合理分担的精神体现到合同条件中去。

业主方的另一个重要准备工作即是选择好监理工程师（或业主代表，CM 经理等）。最好能提前选定监理单位，以使监理工程师能够参与合同的制定（包括谈判，签约等）过程，依据他们的经验，提出合理化建议，使合同的各项规定更为完善。

承包商一方在合同签订前的准备工作主要是制定投标战略，做好市场调研，在买到招标文件之后，要认真细心地分析研究招标文件，以便比较好地理解业主方的招标要求。在此基础上，一方面可以对招标文件中不完善以至错误之处向业主方提出建议，另一方面也必须做好风险分析，对招标文件中不合理的规定提出自己的建议，并力争在合同谈判中对这些规定进行适当的修改。

2. 加强合同实施阶段的合同管理

这一阶段是实现合同内容的重要阶段，也是一个相当长的时期。在这个阶段中合同管理的具体内容十分丰富，而合同管理的好坏直接影响到合同双方的经济利益。

3. 提倡协作精神

合同实施过程中应该提倡项目中各方的协作精神，共同实现合同的既定目标。在合同条件中，合同双方的权利和义务有时表现为相互间存在矛盾，相互制约的关系，但实际上，实现合同标的必然是一个相互协作解决矛盾的过程，在这个过程中工程师起着十分重要的协调作用。一个成功的项目，必定是业主、承包商以及工程师按照一种项目伙伴关系、以协作的团队精神来共同努力完成项目。

**5.4.6.2** 工程承包合同各方的合同管理

1. 业主对合同的管理

业主对合同的管理主要体现在施工合同的前期策划和合同签订后的监督方面。业主要为承包商的合同实施提供必要的条件；向工地派驻具备相应资质的代表，或者聘请监理单位及具备相应资质的人员负责监督承包商履行合同。

2. 承包商的合同管理

承包商的工程承包合同管理是最细致、最复杂，也是最困难的合同管理工作，我们主要以它作为论述对象。

在市场经济中，承包商的总体目标是，通过工程承包获得盈利。这个目标必须通过两步来实现。

(1) 通过投标竞争，战胜竞争对手，承接工程，并签订一个有利的合同。

(2) 在合同规定的工期和预算成本范围内完成合同规定的工程施工和保修责任，全面地、正确地履行自己的合同义务，争取盈利。同时，通过双方圆满的合作，使工程顺利实施，为承包商赢得信誉，并为将来在新的项目上的合作和扩展业务奠定基础。

这要求承包商在合同生命期的每个阶段都必须有详细的计划和有力的控制，以减少失误，减少双方的争执，减少延误和不可预见费用支出。这一切都必须通过合同管理来实现。

承包合同是承包商在工程中的最高行为准则。承包商在工程施工过程中的一切活动都是为了履行合同责任。所以，广义地说，承包工程项目的实施和管理全部工作都可以纳入合同管理的范围。合同管理贯穿于工程实施的全过程和工程实施的各个方面。在市场经济环境中，施工企业管理和工程项目管理必须以合同管理为核心。这是提高管理水平和经济效益的关键。

但从管理的角度出发，合同管理仅被看做项目管理的一个职能，它主要包括项目管理中所有涉及合同的服务性工作。其目的是，保证承包商全面地、正确地、有秩序地完成合同规定的责任和任务，它是承包工程项目管理的核心和灵魂。

3. 监理工程师的合同管理

业主和承包商是合同的双方，监理单位受业主雇用为其监理工程，进行合同管理。负责进行工程的进度控制、质量控制、投资控制以及做好协调工作。监理单位是业主和承包商合同之外的第三方，是独立的法人单位。

监理工程师对合同的监督管理与承包商在实施工程时的管理的方法和要求都不一样。承包商是工程的具体实施者，他需要制定详细的施工进度和施工方法，研究人力、机械的配合和调度，安排各个部位施工的先后次序以及按照合同要求进行质量管理，以保证高速优质地完成工程。监理工程师则不去具体地安排施工和研究如何保证质量的具体措施，而是宏观上控制施工进度，按承包商在开工时提交的施工进度计划以及月计划、周计划进行检查督促，对施工质量则是按照合同中技术规范、图纸内的要求去进行检查验收。监理工程师可以向承包商提出建议，但并不对如何保证质量负责，监理工程师提出的建议是否采纳，由承包商自己决定，因为他要对工程质量和进度负责。对于成本问题，承包商要精心研究如何去降低成本，提高利润率。而工程师主要是按照合同规定，特别是工程量表的规定，严格为业主把住支付这一关，并且防止承包商的不合理的索赔要求，监理工程师的具体职责是在合同条件中规定的，如果业主要对监理工程师的某些职权作出限制，则应在合同专用条件中作出明确规定。

**5.4.6.3** 合同管理与企业管理的关系

对于企业来说，企业管理都是以盈利为目的的。而赢利来自于所实施的各个项目，各个项目的利润来自于每一个合同的履行过程，而在合同的履行过程中能否获利，又取决于合同管理的好坏。因此说，合同管理是企业管理的一部分，并且其主线应围绕着合同管理，否则就会与企业的盈利目标不一致。

**5.4.6.4** 工程承包合同管理案例分析

背景：某建设单位（甲方）拟建造一栋职工住宅，采用招标方式由某施工单位（乙方）承建。甲乙双方签订的施工合同摘要如下。

1. 协议书中的部分条款

（1）工程概况。

工程名称：职工住宅楼。

工程地点：市区。

工程内容：建筑面积为 3200m$^2$ 的砖混结构住宅楼。

（2）工程承包范围。

承包范围：某建筑设计院设计的施工图所包括的土建、装饰、水暖电工程。

（3）合同工期。

开工日期：2002 年 3 月 12 日。

竣工日期：2002 年 9 月 21 日。

合同工期总日历天数：190 天（扣除 5 月 1—3 日放假）。

（4）质量标准。

工程质量标准：达到甲方规定的质量标准。

（5）合同价值。

合同总价为：壹佰陆拾陆万肆仟元人民币（￥166.4 万元）。

（6）乙方承诺的质量保修。

在该项目设计规定的使用年限（50 年）内，乙方承担全部保修责任。

（7）甲方承诺的合同价款支付期限与方式。

1）工程预付款：于开工之日支付合同总价的 10%作为预付款。

2）工程进度款：基础工程完成后，支付合同总价的 10%；主体结构三层完成后，支付合同总价的 20%；主体结构全部封顶后，支付合同总价的 20%；工程基本竣工时，支付合同总价的 30%。为确保工程如期竣工，乙方不得因甲方资金的暂时不到位而停工和拖延工期。

3）竣工结算：工程竣工验收后，进行竣工结算。结算时按全部工程造价的 3%扣留工程保修金。

(8) 合同生效。

合同订立时间：2002 年 3 月 5 日。

合同订立地点：××市××区××街××号。

本合同双方约定：经双方主管部门批准及公证后生效。

2. 专用条款中有关合同价款的条款

合同价款与支付：本合同价款采用固定价格合同方式确定。

合同价款包括的风险范围：

(1) 工程变更事件发生导致工程造价增减不超过合同总价 10%。

(2) 政策性规定以外的材料价格涨落等因素造成工程成本变化。风险费用的计算方法：风险费用已包括在合同总价中。风险范围以外的合同价款调整方法：按实际竣工建筑面积 520 元/$m^2$ 调整合同价款。

3. 补充协议条款

在上述施工合同协议条款签订后，甲乙双方接着又签订了补充施工合同协议条款，摘要如下：

(1) 木门窗均用水曲柳板包门窗套。

(2) 铝合金窗 90 系列改用 42 型系列某铝合金厂产品。

(3) 挑阳台均采用 42 型系列某铝合金厂铝合金窗封闭。

问题：

上述合同属于哪种计价方式合同类型？

该合同签订的条款有哪些不妥之处？应如何修改？

对合同中未规定的承包商义务，合同实施过程中又必须进行的工程内容，承包商应如何处理？

### 5.4.7 《建设工程施工合同（示范文本）》简介

#### 5.4.7.1 《建设工程施工合同（示范文本）》概述

我国建设主管部门通过制定《建设工程施工合同（示范文本）》来规范承发包双方的合同行为。尽管示范文本从法律性质上并不具备强制性，但由于其通用条款较为公平合理地设定了合同双方的权利义务，因此得到了较为广泛的应用。

现行的《建设工程施工合同（示范文本）》(GF—1999—0201)（以下简称《示范文本》)，是在《建设工程施工合同》(GF—1991—0201) 基础上进行修订的版本，是一种建设施工合同。该《示范文本》由“协议书”“通用条款”和“专用条款”三部分组成。“通用条款”依据有关建设工程施工的法律、法规制定而成，它基本上可以适用于各类建设工程，因而有相对的固定性。而建设工程施工涉及面广，每一个具体工程都会发生一些特殊情况，针对这些情况必须专门拟定一些专用条款，“专用条款”就是结合具体工程情况的有针对性的条款，它体现了施工合同的灵活性。这种固定性和灵活性相结合的特点，适应了建设工程施工合同的需要。

#### 5.4.7.2 《示范文本》的组成

《示范文本》由“协议书”“通用条款”“专用条款”三部分组成，并附有三个附件：

附件一是“承包人承揽工程项目一览表”，附件二是“发包人供应材料设备一览表”，附件三是“工程质量保修书”。

“协议书”是《示范文本》中总纲性的文件。虽然其文字量并不大，但它规定了合同当事人双方最主要的权利义务，规定了组成合同的文件及合同当事人对履行合同义务的承诺，并且合同当事人在这份文件上签字盖章，因此具有很高的法律效力。“协议书”的内容包括工程概况、工程承包范围、合同工期、质量标准、合同价款、组成合同的文件等。

“通用条款”是根据《合同法》《建筑法》《建设工程施工合同管理办法》等法律、法规对承发包双方的权利义务作出的规定，除双方协商一致对其中的某些条款作了修改、补充或取消，双方都必须履行。它是将建设工程施工合同中共性的一些内容抽象出来编写的一份完整的合同文件。“通用条款”具有很强的通用性，基本适用于各类建设工程。“通用条款”共有 11 部分 47 条组成。这 11 部分内容如下。

（1）词语定义及合同文件。

（2）双方一般权利和义务。

（3）施工组织设计和工期。

（4）质量与检验。

（5）安全施工。

（6）合同价款与支付。

（7）材料设备供应。

（8）工程变更。

（9）竣工验收与结算。

（10）违约、索赔和争议。

（11）其他。

考虑到建设工程的内容各不相同，工期、造价也随之变动，承包人、发包人各自的能力、施工现场的环境和条件也各不相同，“通用条款”不能完全适用于各个具体工程，因此配之以“专用条款”对其作必要的修改和补充，使“通用条款”和“专用条款”成为双方统一意愿的体现。“专用条款”的条款号与“通用条款”相一致，但主要是空格，由当事人根据工程的具体情况予以明确或者对“通用条款”进行修改。

《示范文本》的附件则是对施工合同当事人的权利义务的进一步明确，并且使得施工合同当事人的有关工作一目了然，便于执行和管理。

**5.4.7.3** 施工合同文件的组成及解释顺序

《示范文本》第 2 条规定了施工合同文件的组成及解释顺序。组成建设工程施工合同的文件包括以下内容。

（1）施工合同协议书。

（2）中标通知书。

（3）投标书及其附件。

（4）施工合同专用条款。

（5）施工合同通用条款。

（6）标准、规范及有关技术文件。

（7）图纸。

（8）工程量清单。

（9）工程报价单或预算书。

双方有关工程的洽商、变更等书面协议或文件视为施工合同的组成部分。

上述合同文件应能够互相解释、互相说明。当合同文件中出现不一致时，上面的顺序就是合同的优先解释顺序。当合同文件出现含糊不清或者当事人有不同理解时，按照合同争议的解决方式处理。

**5.4.7.4** 施工合同双方的一般权利和义务

了解施工合同中承发包双方的一般权利和义务，是建筑施工企业项目经理最基本的要求。在市场经济条件下，施工任务的最终确认是以施工合同为依据的，项目经理必须代表施工企业（承包人）完成应当由施工企业完成的工作；了解发包人的工作则是项目经理在施工中要求发包人合作的基础，也是维护己方权益的基础。《施工合同文本》第5条至第9条规定了施工合同双方的一般权利和义务。

1. 发包方工作

根据专用条款约定的内容和时间，发包人应分阶段或一次完成以下的工作。

（1）办理土地征用、拆迁补偿、平整施工场地等工作，使施工场地具备施工条件，并在开工后继续负责解决以上事项的遗留问题。

（2）将施工所需水、电、电信线路从施工场地外部接至“专用条款”约定地点，并保证施工期间的需要。

（3）开通施工场地与城乡公用道路的通道，以及专用条款约定的施工场地内的主要交通干道，满足施工运输的需要，保证施工期间的畅通。

（4）向承包人提供施工场地的工程地质和地下管线资料，对资料的真实准确性负责。

（5）办理施工许可证及其他施工所需证件、批件和临时用地、停水、停电、中断道路交通、爆破作业等的申请批准手续（证明承包人自身资质的证件除外）。

（6）确定水准点与坐标控制点，以书面形式交给承包人，并进行现场交验。

（7）组织承包人和设计单位进行图纸会审和设计交底。

（8）协调处理施工现场周围地下管线和邻近建筑物、构筑物（包括文物保护建筑）、古树名木的保护工作，并承担有关费用。

（9）发包人应做的其他工作，双方在“专用条款”内约定。

发包人可以将上述部分工作委托承包人办理，具体内容由双方在“专用条款”内约定，费用由发包人承担。若发包人不按合同约定完成以上义务，应赔偿承包人的有关损失，延误的工期相应顺延。

2. 承包人工作

承包人按“专用条款”约定的内容和时间完成以下工作。

（1）根据发包人的委托，在其设计资质允许的范围内，完成施工图设计或与工程配套的设计，经工程师确认后使用，发生的费用由发包人承担。

（2）向工程师提供年、季、月工程进度计划及相应进度统计报表。

（3）根据工程需要提供和维修非夜间施工使用的照明、围栏设施，并负责安全保卫。

(4) 按专用条款约定的数量和要求，向发包人提供在施工现场办公和生活的房屋及设施，发生费用由发包人承担。

(5) 遵守有关部门对施工场地交通、施工噪声以及环境保护和安全生产等的管理规定，按规定办理有关手续，并以书面形式通知发包人。发包人承担由此发生的费用，因承包人责任造成的罚款除外。

(6) 已竣工工程未交付发包人之前，承包人按专用条款约定负责已完工程的成品保护工作，保护期间发生损坏，承包人自费予以修复。要求承包人采取特殊措施保护的工程部位和相应的追加合同价款，在“专用条款”内约定。

(7) 按“专用条款”的约定做好施工现场地下管线和邻近建筑物、构筑物（包括文物保护建筑)、古树名木的保护工作。

(8) 保证施工场地清洁符合环境卫生管理的有关规定，交工前清理现场达到“专用条款”约定的要求，承担因自身原因违反有关规定造成的损失和罚款。

(9) 承包人应做的其他工作，双方在“专用条款”内约定。承包人不履行上述各项义务，应对发包人的损失给予赔偿。

3. 工程师的产生和职权

(1) 工程师的产生和易人。工程师分为监理单位委派的总监理工程师或者发包人指定的履行合同的负责人两种。

1) 发包人委托监理。发包人可以委托监理单位，全部或者部分负责合同的履行。工程施工监理应当依照法律、行政法规及有关的技术标准、设计文件和建设工程施工合同，对承包人在施工质量、建设工期和建设资金使用等方面，代表发包人实施监督。发包人应当将委托的监理单位名称、监理内容及监理权限以书面形式通知承包人。

监理单位委派的总监理工程师在施工合同中称为工程师。总监理工程师是经监理单位法定代表人授权，派驻施工现场监理组织的总负责人，行使监理合同赋予监理单位的权利和义务，全面负责受委托工程的建设监理工作。监理单位委派的总监理工程师姓名、职务、职责应当向发包人报送，在施工合同的“专用条款”中应当写明总监理工程师的姓名、职务、职责。

2) 发包人派驻代表。发包人派驻施工场地履行合同的代表在施工合同中也称工程师。发包人代表是经发包人单位法定代表人授权，派驻施工现场的负责人，其姓名、职务、职责在“专用条款”内约定，但职责不得与监理单位委派的总监理工程师职责相互交叉。发生交叉或不明确时，由发包人法定代表人明确双方职责，并以书面形式通知承包人。

3) 工程师易人。工程师易人，发包人应至少于易人前 7 天以书面形式通知承包方，后任继续行使文件约定的前任的职权，履行前任的义务。

(2) 工程师的职责。

1) 工程师委派工程师代表后任继续行使合同。在施工过程中，不可能所有的监督和管理工作都由工程师自己完成。工程师可委派工程师代表，行使自己的部分权利和职责，并可在认为必要时撤回委派。委派和撤回均应提前 7 天以书面形式通知承包人，委派书和撤回通知作为合同附件。工程师代表在工程师授权范围内向承包人发出的任何书面形式的函件具有同等效力。工程师代表发出的指令有失误时，工程师应进行纠正。

2）工程师发布指令、通知。工程师的指令、通知由其本人签字后，以书面形式交给项目经理，项目经理在回执上签署姓名和收到时间后生效。确有必要时，工程师可发出口头指令，并在48小时内给予书面确认，承包人对工程师的指令应予执行。工程师不能及时给予书面确认，承包人应于工程师发出口头指令后7天内提出书面确认要求。工程师在承包人提出确认要求后48小时内不予答复，应视为承包人要求已被确认。承包人认为工程师指令不合理，应在收到指令后24小时内提出书面申告，工程师在收到承包人报告后24小时内做出修改指令或继续执行原指令的决定，并以书面形式通知承包人。紧急情况下，工程师要求承包人立即执行的指令或承包人虽有异议，但工程师决定仍继续执行的指令，承包人应予执行。因指令错误发生的费用和给承包人造成的损失由发包人承担，延误的工期相应顺延。

上述规定同样适用于工程师代表发出的指令、通知。

3）工程师应当及时完成自己的职责。工程师应按合同约定，及时向承包人提供所需指令、批准、图纸并履行其他约定的义务，否则承包人在约定时间后24小时内将具体要求、需要的理由和延误的后果通知工程师，工程师收到通知后48小时内不予答复，应承担延误造成的追加合同价款，并赔偿承包人有关损失，顺延延误的工期。

4）工程师做出处理决定。在合同履行中，发生影响承发包双方权利或义务的事件时，负责监理的工程师应做出公正的处理。为保证施工正常进行，承发包双方应尊重工程师的决定。承包人对工程师的处理有异议时，按照合同约定争议处理办法解决。

4. 项目经理的产生和职责

（1）项目经理的产生。项目经理是由承包人单位法定代表人授权的，派驻施工场地的承包人的总负责人，他代表承包人负责工程施工的组织、实施。承包人施工质量、进度的好坏与承包人代表的水平、能力、工作热情有很大的关系，一般都应当在投标书中明确，并作为评标的一项内容。最后，项目经理的姓名、职务在“专用条款”内约定。项目经理一旦确定后，承包人不能随意更换项目经理，承包人应至少于易人前7天以书面形式通知发包人，后任继续履行合同文件约定的前任的权利和义务，不得更改前任作出的书面承诺。发包人可以与承包人协商，建议调换其认为不称职的项目经理。

（2）项目经理的职责。项目经理应当积极履行合同规定的职责，完成承包人应当完成的各项工作。项目经理应当对施工现场的施工质量、成本、进度、安全等负全面的责任。对于在施工现场出现的超过自己权限范围的事件，应当及时向上级有关部门和人员汇报，请示处理方案或者取得自己处理的授权。其日常性的工作如下。

1）代表承包人向发包人提出要求和通知。项目经理有权代表承包人向发包人提出要求和通知。承包人的要求和通知，由项目经理签字后送交工程师，工程师在回执上签署姓名和收到时间后生效。

2）组织施工。项目经理按发包人认可的施工组织设计（或施工方案）和依据合同发出的指令、要求组织施工。在情况紧急且无法与工程师联系时，应当采取保证人员生命和工程财产安全的紧急措施，并在采取措施后48小时内向工程师送交报告。责任在发包人和第三方，由发包人承担由此发生的追加合同价款，相应顺延工期；责任在承包人，由承包人承担费用，不顺延工期。

### 5.4.8 FIDIC《土木工程施工合同条件》简介

#### 5.4.8.1 FIDIC组织简介

FIDIC是国际咨询工程师联合会（Federation International Des Inginieurs Conseils）的简称。

国际咨询工程师联合会是被世界银行和其他国际金融组织认可的国际咨询服务机构。总部设在瑞士洛桑，下设四个地区成员协会：亚洲及太平洋地区成员协会（ASPAC）、欧洲共同体成员（CEDIC）、亚非洲成员协会集团（CAMA），北欧成员协会集团（RINORD）。

FIDIC目前已发展到世界各地50多个国家和地区，成为全世界最有权威的工程师组织。FIDIC下设许多专业委员会，各专业委员会编制了用于国际工程承包合同的许多规范性文件，被FIDIC成员国广泛采用，并被FIDIC成员国的雇主、工程师和承包商所熟悉，现已发展成为国际公认的标准范本，在国际上被广泛采用。

中国加入世界贸易组织（“世贸”）后，建筑市场将会逐步向国际承建商开放，而中国的建筑企业亦会越来越多地参与海外建筑市场的项目。因此，国际工程通用的合同条件将会更加广泛地被中国建筑企业采用。国际咨询工程师协会菲迪克（FIDIC）红皮书、黄皮书、橙皮书和银皮书，美国建筑师学会制订发布的“AIA系列合同条件”，英国土木工程师学会编制的“ICE合同条件”通常用于世界各国的国际工程承包领域。

#### 5.4.8.2 FIDIC合同条件

1. FIDIC合同条件概述

FIDIC合同条件（FIDIC土木工程施工合同条件）就是国际上公认的标准合同范本之一。FIDIC由于其合同条件的科学性和公正性而被许多国家的雇主和承包商接受，又被一些国家政府和国际性金融组织认可，被称作国际通用合同条件。FIDIC合同条件是由国际工程师联合会（FIDIC）和欧洲建筑工程委员会在英国土木工程师学会编制的合同条件（即ICE合同条件）基础上制定的。

FIDIC合同条件有如下几类：一是雇主与承包商之间的缔约，即《FIDIC土木工程施工合同条件》，因其封皮呈红色而取名“红皮书”，有1957、1969、1977、1987、1999五个版本，1999新版“红皮书”与前几个版本在结构、内容方面有较大的不同；二是雇主与咨询工程师之间的缔约，即《FIDIC/咨询工程师服务协议书标准条款》，因其封面呈银白色而被称为“白皮书”，最近版本是1990年版，它将此前三个相互独立又相互补充的范本IGRA－1979－D&S、IGRA－1979－PI、IGRA－1980－PM合而为一；三是雇主与电气/机械承包商之间的缔约，即《FIDIC电气与机械工程合同条件》，因其封面呈黄色而得名“黄皮书”，1963年出了第一版“黄皮书”，1977年、1987年出两个新版本，最新的“黄皮书”版本是1999年版；四是其他合同，如为总承包商与分包商之间缔约提供的范本，《FIDIC土木工程施工分包合同条件》，为投资额较小的项目雇主与承包商提供的《简明合同格式》，为“交钥匙”项目而提供的《EPC合同条件》。上述合同条件中，“红皮书”的影响尤甚，素有“土木工程合同的圣经”之誉。

2.《FIDIC建设工程施工合同》主要内容

《FIDIC建设工程施工合同》主要分为七大类条款。

（1）一般性条款。一般性条款包括下述内容。

1）招标程序。招标程序包括合同条件、规范、图纸、工程量表、投标书、投标者须知、评标、授予合同、合同协议、程序流程图、合同各方、监理工程师等。

2）合同文件中的名词定义及解释。

3）工程师及工程师代表和他们各自的职责与权力。

4）合同文件的组成、优先顺序和有关图纸的规定。

5）招投标及履约期间的通知形式与发往地址。

6）有关证书的要求。

7）合同使用语言。

8）合同协议书。

（2）法律条款。法律条款主要涉及：合同适用法律；劳务人员及职员的聘用、工资标准、食宿条件和社会保险等方面的法规；合同的争议、仲裁和工程师的裁决；解除履约；保密要求；防止行贿；设备进口及再出口；强制保险；专利权及特许权；合同的转让与工程分包；税收；提前竣工与延误工期；施工用材料的采购地等内容。

（3）商务条款。商务条款系指与承包工程的一切财务、财产所有权密切相关的条款，主要包括：承包商的设备、临时工程和材料的归属，重新归属及撤离；设备材料的保管及损坏或损失责任；设备的租用条件；暂定金额；支付条款；预付款的支付与回扣；保函，包括投标保函、预付款保函、履约保函等；合同终止时的工程及材料估价；解除履约时的付款；合同终止时的付款；提前竣工奖金的计算；误期罚款的计算；费用的增减条款；价格调整条款；支付的货币种类及比例；汇率及保值条款。

（4）技术条款。技术条款是针对承包工程的施工质量要求、材料检验及施工监督、检验测量及验收等环节而设立的条款，包括：对承包商的设施要求；施工应遵循的规范；现场作业和施工方法；现场视察；资料的查阅；投标书的完备性；施工制约；工程进度；放线要求；钻孔与勘探开挖；安全、保卫与环境保护；工地的照管；材料或工程设备的运输；保持现场的整洁；材料、设备的质量要求及检验；检查及检验的日期与检验费用的负担；工程覆盖前的检查；工程覆盖后的检查；进度控制；缺陷维修；工程量的计量和测量方法；紧急补救工作。

（5）权利与义务条款。权利与义务条款包括承包商、业主和监理工程师三者的权利和义务。

1）承包商的权利。承包商的权利包括：①有权得到提前竣工奖金；②收款权；③索赔权；④因工程变更超过合同规定的限值而享有补偿权；⑤暂停施工或延缓工程进度速度；⑥停工或终止受雇；⑦不承担业主的风险；⑧反对或拒不接受指定的分包商；⑨特定情况下的合同转让与工程分包；⑩特定情况下有权要求延长工期；⑪特定情况下有权要求补偿损失；⑫有权要求进行合同价格调整；⑬有权要求工程师书面确认口头指示；⑭有权反对业主随意更换监理工程师。

2）承包商的义务。承包商的主要义务包括：①遵守合同文件规定，保质保量、按时完成工程任务，并负责保修期内的各种维修；②提交各种要求的担保；③遵守各项投标规定；④提交工程进度计划；⑤提交现金流量估算；⑥负责工地的安全和材料的看管；⑦对由承包商负责完成的设计图纸中的任何错误和遗漏负责；⑧遵守有关法规；⑨为其他承包商提供机会和方便；⑩保持现场整洁；⑪保证施工人员的安全和健康；⑫执行工程师的指令；⑬向业主偿付应付款项（包括归还预付款）；⑭为业主保守机密；⑮按时缴纳税金；⑯按时投保各种强制险；⑰按时参加各种检查和验收。

3）业主的权利。业主的权利包括：①业主有权不接受最低标；②有权指定分包商；③在一定条件下可直接付款给指定的分包商；④有权决定工程暂停或复工；⑤在承包商违约时，业主有权接管工程或没收各种保函或保证金；⑥有权决定在一定的幅度内增减工程量；⑦不承担承包商因发生在工程所在国以外的任何地方的不可抗力事件所遭受的损失（因炮弹、导弹等所造成的损失例外）；⑧有权拒绝承包商分包或转让工程（应有充足理由）。

4）业主的义务。业主的义务包括：①向承包商提供完整、准确、可靠的信息资料和图纸，并对这些资料的准确性负完全的责任；②承担由业主风险所产生的损失或损坏；③确保承包商免于承担属于承包商义务以外情况的一切索赔、诉讼，损害赔偿费、诉讼费、指控费及其他费用；④在多家独立的承包商受雇于同一工程或属于分阶段移交的工程情况下，业主负责办理保险；⑤按时支付承包商应得的款项，包括预付款；⑥为承包商办理各种许可，如现场占用许可、道路通行许可、材料设备进口许可、劳务进口许可等；⑦承担疏浚工程竣工移交后的任何调查费用；⑧支付超过一定限度的工程变更所导致的费用增加部分；⑨承担在工程所在国发生的特殊风险以及任何其他地区因炮弹、导弹对承包商造成的损失的赔偿和补偿；⑩承担因后继法规所导致的工程费用增加额。

5）监理工程师的权利。监理工程师可以行使合同规定的或合同中必然隐含的权利，主要有：①有权拒绝承包商的代表；②有权要求承包商撤走不称职人员；③有权决定工程量的增减及相关费用；有权决定增加工程成本或延长工期；有权确定费率；④有权下达开工令、停工令、复工令（因业主违约而导致承包商停工情况除外）；⑤有权对工程的各个阶段进行检查，包括已掩埋覆盖的隐蔽工程；⑥如果发现施工不合格情况，监理工程师有权要求承包商如期修复缺陷或拒绝验收工程；⑦承包商的设备、材料必须经监理工程师检查，监理工程师有权拒绝接受不符合规定标准的材料和设备；⑧在紧急情况下，监理工程师有权要求承包商采取紧急措施；⑨审核批准承包商的工程报表的权利属于监理工程师，付款证书由监理工程师开出；⑩当业主与承包商发生争端时，监理工程师有权裁决，虽然其决定不是最终的。

6）监理工程师的义务。监理工程师作为业主聘用的工程技术负责人，除了必须履行其与业主签订的服务协议书中规定的义务外，还必须履行其作为承包商的工程监理人而尽的职责，FIDIC条款针对监理工程师在建筑与安装施工合同中的职责规定了以下义务：①必须根据服务协议书委托的权利进行工作；②行为必须公正，处事公平合理，不能偏听偏信；③应虚心听取业主和承包商两方面的意见，基于事实做出决定；④发出的指示应该是书面的，特殊情况下来不及发出书面指示时，可以发出口头指示，但随后以书面形式予以确认；⑤应认真履行职责，应根据承包商的要求及时对已完工程进行检查或验收，对承包商的工程报表及时进行审核；⑥应及时审核承包商在履约期间所做的各种记录，特别是承包商提交的作为索赔依据的各种材料；⑦应实事求是地确定工程费用的增减与工期的延长或压缩；⑧如因技术问题需同分包商打交道时，须征得总承包商同意，并将处理结果告之总承包商。

(6) 违约惩罚与索赔条款。违约惩罚与索赔是FIDIC条款中的一项重要内容，也是国际承包工程得以圆满实施的有效手段。采用工程承发包制实施工程的效果之所以明显优于其他方法，根本原因就在于按照这种制度，当事人各方责任明确、赏罚分明。FIDIC条款中的违约条款包括两部分，即业主对承包商的惩罚措施和承包商对业主拥有的索赔权。

惩罚措施因承包商违约或履约不力，业主可采取以下惩罚措施：①没收有关保函或保证金；②误期罚款；③由业主接管工程并终止对承包商的雇用。

索赔条款：索赔条款是根据关于承包商享有的因业主履约不力或违约，或因意外因素(包括不可抗力情况) 蒙受损失 (时间和款项) 而向业主要求赔偿或补偿权利的契约性条款。这方面的条款包括：①索赔的前提条件或索赔动因；②索赔程序、索赔通知、同期记录、索赔的依据、索赔的时效和索赔款项的支付等。

(7) 附件和补充条款。FIDIC条款还规定了作为招标文件的文件内容和格式，以及在各种具体合同中可能出现的补充条款。

附件条款：附件条款包括投标书及其附件、合同协议书。

补充条款：补充条款包括防止贿赂、保密要求、支出限制、联合承包情况下的各承包人的各自责任及连带责任，关税和税收的特别规定等五个方面内容。

# 学习情景6 工程索赔管理

## 6.1 学习目标

### 6.1.1 知识目标

1. 使学生了解施工索赔的发生原因。
2. 理解索赔的程序、索赔的技巧。
3. 掌握索赔的类型、计算，索赔报告的编写。

### 6.1.2 技能目标

1. 使学生学会分析索赔原因。
2. 使学生能够分析计算工期、费用的索赔值。
3. 使学生学会编写索赔报告。

### 6.1.3 情感目标

1. 具有形成文字报告的能力。
2. 团队合作能力。

## 6.2 学习任务

了解索赔的分类、原因，熟悉索赔的依据和程序，掌握索赔报告的内容、要求和索赔的计算，了解索赔的技巧和防范反索赔，掌握索赔案例的分析方法。

## 6.3 任务分析

索赔是在合同实施过程中，合同当事人一方因对方违约，或其他过错，或无法防止的外因而受到损失时，要求对方给予赔偿或补偿的活动。广义地讲，索赔应当是双向的，既可以是承包人向发包人的索赔，也可以是发包人向承包人提出的索赔。施工过程中索赔是必然发生的，各方必须要重视和面对。

## 6.4 任务实施

### 6.4.1 概述

#### 6.4.1.1 工程索赔概述

在市场经济条件下，建筑市场中工程索赔是一种正常的现象。工程索赔在建筑市场上是承包商保护自身正当权益、补偿由风险造成的损失、提高经济效益的重要和有效手段。

许多有经验的承包商在分析招标文件时就考虑其中的漏洞、矛盾和不完善的地方，考虑到可能的索赔，但这本身常常又会有很大的风险。

1. 工程索赔的概念

所谓索赔，就是作为合法的所有者，根据自己的权利提出对某一有关资格、财产、金钱等方面的要求。

工程索赔，是指当事人在合同实施过程中，根据法律、合同规定及惯例，对并非由于自己的过错，而是由于应由合同对方承担责任的情况造成的，且实际发生了损失，向对方提出给予补偿要求。在工程建设的各个阶段，都有可能发生索赔，但在施工阶段索赔发生较多。

对施工合同的双方来说，索赔是维护双方合法利益的权利。它同合同条件中双方的合同责任一样，构成严密的合同制约关系。承包商可以向业主提出索赔；业主也可以向承包商提出索赔。但在工程建设过程中，业主对承包商原因造成的损失可通过追究违约责任解决。此外，业主可以通过冲账、扣拨工程款、没收履约保函、扣保留金等方式来实现自己的索赔要求，不存在“索”。因此，在工程索赔实践中，一般把承包方向发包方提出的赔偿或补偿要求称为索赔；而把发包方向承包方提出的赔偿或补偿要求，以及发包方对承包方所提出的索赔要求进行反驳称为反索赔。

2. 索赔的作用

（1）有利于促进双方加强管理，严格履行合同，维护市场正常秩序。合同一经签订，合同双方即产生权利和义务关系。这种权益受法律保护，这种义务受法律制约。索赔是合同法律效力的具体体现，并且由合同的性质决定。如果没有索赔和关于索赔的法律规定，则合同形同虚设，对双方都难以形成约束，这样，合同的实施得不到保证，不会有正常的社会经济秩序。索赔能对违约者起警戒作用，使他考虑到违约的后果，以尽力避免违约事件发生。所以，索赔有助于工程承发包双方更紧密的合作，有助于合同目标的实现。

（2）使工程造价更合理。索赔的正常开展，可以把原来计入工程报价中的一些不可预见费用，改为实际发生的损失支付，有助于降低工程报价，使工程造价更为合理。

（3）有助于维护合同当事人的正当权益。索赔是一种保护自己、维护自己正当利益、避免损失、增加利润的手段。如果承包商不能进行有效的索赔，损失得不到合理的、及时的补偿，会影响生产经营活动的正常进行，甚至倒闭。

（4）有助于双方更快地熟悉国际惯例，熟练掌握索赔和处理索赔的方法与技巧，有助于对外开放和对外工程承包的开展。

3. 索赔的分类

工程施工过程中发生索赔所涉及的内容是广泛的，为了探讨各种索赔问题的规律及特点，通常可作如下分类。

（1）按索赔事件所处合同状态分类。

1）正常施工索赔。是指在正常履行合同中发生的各种违约、变更、不可预见因素、加速施工、政策变化等引起的索赔。

2）工程停建、缓建索赔。是指已经履行合同的工程因不可抗力、政府法令、资金或其他原因必须中途停止施工所引起的索赔。

3）解除合同索赔。是指因合同中的一方严重违约，致使合同无法正常履行的情况下，合同的另一方行使解除合同的权力所产生的索赔。

（2）按索赔依据的范围分类。

1）合同内索赔。是指索赔所涉及的内容可以在履行的合同中找到条款依据，并可根据合同条款或协议预先规定的责任和义务划分责任，业主或承包商可以据此提出索赔要求。按违约规定和索赔费用、工期的计算办法计算索赔值。一般情况下，合同内索赔的处理解决相对顺利些。

2）合同外索赔。与合同内索赔依据恰恰相反，即索赔所涉及的内容难于在合同条款及有关协议中找到依据，但可能来自民法、经济法或政府有关部门颁布的有关法规所赋予的权力。如在民事侵权行为、民事伤害行为中找到依据所提出的索赔，就属合同外索赔。

3）道义索赔。是指承包商无论在合同内或合同外都找不到进行索赔的依据，没有提出索赔的条件和理由。但承包商在合同履行中诚恳可信，为工程的质量、进度及配合上尽了最大的努力时，通情达理的业主看到承包商为完成某项困难的施工，承受了额外的费用损失，甚至承受重大亏损，出于善良意愿给承包商以经济补偿。因在合同条款中没有此项索赔的规定，所以也称“额外支付”。

（3）按合同有关当事人的关系进行索赔分类。

1）承包商向业主的索赔。是指承包商在履行合同中因非自方责任事件产生的工期延误及额外支出后向业主提出的赔偿要求。这是施工索赔中最常发生的情况。

2）总承包向其分包或分包之间的索赔。是指总承包单位与分包单位或分包单位之间为共同完成工程施工所签订的合同、协议在实施中的相互干扰事件影响利益平衡，其相互之间发生的赔偿要求。

3）业主向承包商的索赔。是指业主向不能有效地管理控制施工全局，造成不能按期、按质、按量的完成合同内容的承包商提出损失赔偿要求。

4）承包商同供货商之间的索赔。

5）承包商向保险公司、运输公司索赔等。

（4）按照索赔的目的分类。

1）工期延长索赔。是指承包商对施工中发生的非己方直接或间接责任事件造成计划工期延误后向业主提出的赔偿要求。

2）费用索赔。是指承包商对施工中发生的非己方直接或间接责任事件造成的合同价外费用支出向业主方提出的赔偿要求。

（5）按照索赔的处理方式分类。

1）单项索赔。是指某一事件的发生对承包商造成工期延长或额外费用支出时，承包商即可对这一事件的实际损失在合同规定的索赔有效期内提出的索赔。这是常用的一种索赔方式。

2）综合索赔，又称总索赔，一揽子索赔。是指承包商将施工过程中发生的多起索赔事件，综合在一起，提出一个总索赔。

施工过程中的某些索赔事件，由于各方未能达成一致意见得到解决的或承包商对业主答复不满意的单项索赔集中起来，综合提出一份索赔报告，双方进行谈判协商。综合索赔中涉及的事件一般都是单项索赔中遗留下来的、意见分歧较大的难题，责任的划分、费用的计算等都各持己见，不能立即解决，在履行合同过程中对索赔事件保留索赔权，而在工程项目基本完工时提出，或在竣工报表和最终报表中提出。

（6）按引起索赔的原因分类。

1）业主或业主代表违约索赔。

2）工程量增加索赔。

3）不可预见因素索赔。

4）不可抗力损失索赔。

5）加速施工索赔。

6）工程停建、缓建索赔。

7）解除合同索赔。

8）第三方因素索赔。

9）国家政策、法规变更索赔。

（7）按索赔管理策略上的主动性分类。

1）索赔。主动寻找索赔机会，分析合同缺陷，抓住对方的失误，研究索赔的方法，总结索赔的经验，提高索赔的成功率。把索赔管理作为工程及合同管理的组成部分。

2）反索赔。在索赔管理策略上表现为防止被索赔，不给对方留有进行索赔的漏洞。使对方找不到索赔机会，在工程管理中体现为签署严密的合同条款，避免自方违约。当对方向自方提出索赔时，自方可对索赔的证据进行质疑，对索赔理由进行反驳，以达到减少索赔额度甚至否定对方索赔要求之目的。

在实际工作中，索赔与反索赔是同时存在且相互为条件的，应当培养工作人员加强索赔与反索赔的意识。

#### 6.4.1.2 工程中常见的索赔问题

1. 施工现场条件变化索赔

在工程施工中，施工现场条件变化对工期和造价的影响很大。由于不利的自然条件及人为障碍，经常导致设计变更、工期延长和工程成本大幅度增加。

不利的自然条件是指施工中遇到的实际自然条件比招标文件中所描述的更为困难和恶劣，这些不利的自然条件或人为障碍增加了施工的难度，导致承包方必须花费更多的时间和费用，在这种情况下，承包方可提出索赔要求。

（1）招标文件中对现场条件的描述失误。在招标文件中对施工现场存在的不利条件虽已经提出，但描述严重失实，或位置差异极大，或其严重程度差异极大，从而使承包商原定的实施方案变得不再适合或根本没有意义，承包方可提出索赔。

（2）有经验的承包商难以合理预见的现场条件。在招标文件中根本没有提到，而且按该项工程的一般工程实践完全是出乎意料的不利的现场条件。这种意外的不利条件，是有经验的承包商难以预见的情况。如在挖方工程中，承包方发现地下古代建筑遗迹物或文物，遇到高腐蚀性水或毒气等，处理方案导致承包商工程费用增加，工期增加，承包方即可提出索赔。

2. 业主违约索赔

（1）业主未按工程承包合同规定的时间和要求向承包商提供施工场地、创造施工条件。如未按约定完成土地征用、房屋拆迁、清除地上地下障碍，保证施工用水、用电、材料运输、机械进场、通信联络需要，办理施工所需各种证件、批件及有关申报批准手续，提供地下管网线路资料等。

（2）业主未按工程承包合同规定的条件供应材料、设备。业主所供应的材料、设备到货场、站与合同约定不符，单价、种类、规格、数量、质量等级与合同不符，到货日期与合同约定不符等。

（3）监理工程师未按规定时间提供施工图纸、指示或批复。

（4）业主未按规定向承包商支付工程款。

（5）监理工程师的工作不适当或失误。如提供数据不正确、下达错误指令等。

（6）业主指定的分包商违约。如其出现工程质量不合格、工程进度延误等。

上述情况的出现，会导致承包商的工程成本增加或工期的增加，所以承包商可以提出索赔。

3. 变更指令与合同缺陷索赔

（1）变更指令索赔。在施工过程中，监理工程师发现设计、质量标准或施工顺序等问题时，往往指令增加新工作，改换建筑材料，暂停施工或加速施工等。这些变更指令会使承包商的施工费用或工期的增加，承包商就此提出索赔要求。

（2）合同缺陷索赔。合同缺陷是指所签订的工程承包合同进入实施阶段才发现的、合同本身存在的（合同签订时没有预料的）现时不能再做修改或补充的问题。

大量的工程合同管理经验证明，合同在实施过程中，常发现有如下的情况。

1）合同中有错误、用语含糊、不够准确的条款等，难以分清甲乙双方的责任和权益。

2）合同条款中存在着遗漏。对实际可能发生的情况未做预料和规定，缺少某些必不可少的条款。

3）合同条款之间存在矛盾。即在不同的条款或条文中，对同一问题的规定或要求不一致。这时，按惯例要由监理工程师做出解释。但是，若此指示使承包商的施工成本和工期增加时，则属于业主方面的责任，承包商有权提出索赔要求。

4. 国家政策、法规变更索赔

由于国家或地方的任何法律法规、法令、政令或其他法律、规章发生了变更，导致承包商成本增加，承包商可以提出索赔。

5. 物价上涨索赔

由于物价上涨的因素，带来人工费、材料费、甚至机械费的增加，导致工程成本大幅度上升，也会引起承包商提出索赔要求。

6. 因施工临时中断和工效降低引起的索赔

由于业主和监理工程师原因造成的临时停工或施工中断，特别是根据业主和监理工程师不合理指令造成了工效的大幅度降低，从而导致费用支出增加，承包商可提出索赔。

7. 业主不正当地终止工程而引起的索赔

由于业主不正当地终止工程，承包商有权要求补偿损失，其数额是承包商在被终止工程上的人工、材料、机械设备的全部支出，以及各项管理费用、保险费、贷款利息、保函费用的支出（减去已结算的工程款），并有权要求赔偿其盈利损失。

8. 业主风险和特殊风险引起的索赔

由于业主承担的风险而导致承包商的费用损失增大时，承包商可据此提出索赔。根据国际惯例，战争、敌对行动、入侵、外敌行动；叛乱、暴动、军事政变或篡夺权位，内战；核燃料或核燃料燃烧后的核废物、核辐射、放射线、核泄漏；音速或超音速飞行器所产生的压力波；暴乱、骚乱或混乱；由于业主提前使用或占用工程的未完工交付的任何一部分致使破坏；纯粹是由于工程设计所产生的事故或破坏，并且这设计不是由承包商设计或负责的；自然力所产生的作用，而对于此种自然力，即使是有经验的承包商也无法预见，无法抗拒，无法保护自己和使工程免遭损失等属于业主应承担的风险。

许多合同规定，承包商不仅对由此而造成工程、业主或第三方的财产的破坏和损失及人身伤亡不承担责任，而且业主应保护和保障承包商不受上述特殊风险后果的损害，并免于承担由此而引起的与之有关的一切索赔、诉讼及其费用。相反，承包商还应当可以得到由此损害引起的任何永久性工程及其材料的付款及合理的利润，以及一切修复费用、重建费用及上述特殊风险而导致的费用增加。如果由于特殊风险而导致合同终止，承包商除可以获得应付的一切工程款和损失费用外，还可以获得施工机械设备的撤离费用和人员遣返费用等。

### 6.4.2 工程索赔的依据和程序

#### 6.4.2.1 工程索赔的依据

合同一方向另一方提出的索赔要求，都应该提出一份具有说服力的证据资料作为索赔的依据。这也是索赔能否成功的关键因素。由于索赔的具体事由不同，所需的论证资料也有所不同。索赔依据一般包括以下几部分。

1. 招标文件

招标文件是承包商投标报价的依据，它是工程项目合同文件的基础。招标文件中一般包括的通用条件、专用条件、施工图纸、施工技术规范、工程量表、工程范围说明、现场水文地质资料等文本，都是工程成本的基础资料。它们不仅是承包商参加投标竞争和编标报价的依据，也是索赔时计算附加成本的依据。

2. 投标书

投标书是承包商依据招标文件并进行工地现场勘察后编标计价的成果资料，是投标竞争中标的依据。在投标报价文件中，承包商对各主要工种的施工单价进行了分析计算，对各主要工程量的施工效率和施工进度进行了分析，对施工所需的设备和材料列出了数量和价值，对施工过程中各阶段所需的资金数额提出了要求等。所有这些文件，在中标及签订合同协议书以后，都成为正式合同文件的组成部分，也成为索赔的基本依据。

3. 合同协议书及其附属文件

合同协议书是合同双方（业主和承包商）正式进人合同关系的标志。在签订合同协议书以前，合同双方对于中标价格、工程计划、合同条件等问题的讨论纪要文件，亦是该工程项目合同文件的重要组成部分。在这些会议纪要中，如果对招标文件中的某个合同条款作了修改或解释，则这个纪要就是将来索赔计价的依据。

4. 来往信函

在合同实施期间，合同双方有大量的往来信函。这些信函都具有合同效力，是结算和索赔的依据资料，如监理工程师（或业主）的工程变更指令、口头变更确认函、加速施工指令、工程单价变更通知、对承包商问题的书面回答等。这些信函（包括电传、传真资料）可能繁杂零碎，而且数量巨大，但应仔细分类存档。

5. 会议记录

在工程项目从招标到建成移交的整个期间，合同双方要召开许多次的会议，讨论解决合同实施中的问题。所有这些会议的记录，都是很重要的文件。工程和索赔中的许多重大问题，都是通过会议反复协商讨论后决定的。如标前会议纪要、工程协调会议纪要、工程进度变更会议纪要、技术讨论会议纪要、索赔会议纪要等。

对于重要的会议纪要，要建立审阅制度，即由做纪要的一方写好纪要稿后，送交对方（以及有关各方）传阅核签，如有不同意见，可在纪要稿上修改，也可规定一个核签的期限（如7天），如纪要稿送出后7天以内不返回核签意见，即认为同意。这对会议纪要稿的合法性是很必要的。

6. 施工现场纪录

承包商的施工管理水平的一个重要标志，是看承包商是否建立了一套完整的现场记录制度，并持之以恒地贯彻到底。这些资料的具体项目甚多，主要的如施工日志、施工检查记录、工时记录、质量检查记录、施工设备使用记录、材料使用记录、施工进度记录等。有的重要记录文本，如质量检查、验收记录，还应有工程师或其代表的签字认可。工程师同样要有自己完备的施工现场记录，以备核查。

7. 工程财务记录

在工程实施过程中，对工程成本的开支和工程款的历次收入，均应做详细的记录，并输入计算机备查。这些财务资料如工程进度款每月的支付申请表，工人劳动计时卡和工资单，设备、材料和零配件采购单，付款收据，工程开支月报等。在索赔计价工作中，财务单据十分重要，应注意积累和分析整理。

8. 现场气象记录

水文气象条件对工程实施的影响甚大，它经常引起工程施工的中断或工效降低，有时甚至造成在建工程的破损。许多工期拖延索赔均与气象条件有关。施工现场应注意记录的气象资料，如每月降水量、风力、气温、河水位、河水流量、洪水位、洪水流量、施工基坑地下水状况等。如遇到地震、海啸、飓风等特殊自然灾害，更应注意随时详细记录。

9. 市场信息资料

大中型工程项目，一般工期长达数年，对物价变动等报道资料，应系统地搜集整理。这些信息资料，不仅对工程款的调价计算是必不可少的，对索赔亦同样重要。如工程所在国官方出版的物价报道、外汇兑换率行情、工人工资调整决定等。

10. 政策法令文件

政策法令文件是指工程所在国的政府或立法机关公布的有关工程造价的决定或法令，如货币汇兑限制指令，外汇兑换率的决定，调整工资的决定，税收变更指令，工程仲裁规则等。由于工程的合同条件是以适应工程所在国的法律为前提的，因此该国政府的这些法令对工程结算和索赔具有决定性的意义，应该引起高度重视。对于重大的索赔事项，如涉及大宗的索赔款额，或遇到复杂的法律问题时，还需要聘请律师，专门处理这方面的问题。

**6.4.2.2** 工程索赔的程序

合同实施阶段，在每一个索赔事件发生后，承包商都应抓住索赔机会，并按合同条件的具体规定和工程索赔的惯例，尽快协商解决索赔事项。工程索赔程序，一般包括发出索赔意向通知、收集索赔证据并编制和提交索赔报告、评审索赔报告、举行索赔谈判、解决索赔争端等。具体如图 6.1 所示。

1. 发出索赔意向通知

按照合同条件的规定，凡是非承包商原因引起工程拖期或工程成本增加时，承包商有权提出索赔。当索赔事件发生时，承包商一方面用书面形式向业主或监理工程师发出索赔意向通知书，另一方面，应继续施工，不影响施工的正常进行。索赔意向通知是一种维护自身索赔权利的文件。例如，按照 FIDIC 第四版的规定，在索赔事项发生后的 28 天内向工程师正式提出书面的索赔通知，并抄送业主。项目部的合同管理人员或其中的索赔工作人员根据具体情况，在索赔事项发生后的规定时间内正式发出索赔通知书，以免丧失索赔权。

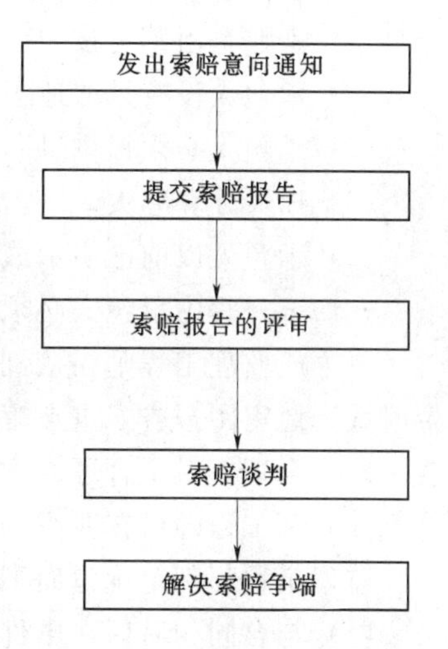

图 6.1　索赔程序示意图

索赔意向通知，一般仅仅是向业主或监理工程师表明索赔意向，所以应当简明扼要。通常只要说明以下几点内容即可：索赔事由的名称、发生的时间、地点、简要事实情况和发展动态；索赔所引证的合同条款；索赔事件对工程成本和工期产生的不利影响，进而提出自己的索赔要求即可。至于要求的索赔款额，或工期应补偿天数及有关的证据资料应在合同规定的时间内报送。

索赔意向通知，通常包括以下四个方面的内容。

(1) 事件发生的时间和情况的简单说明。

(2) 合同依据的条款和理由。

(3) 有关后续资料的提供，包括及时记录和提供事件发展的动态。

(4) 对工程成本和工期产生的不利影响的严重程度，以期引起监理工程师（发包人）的注意。

一般索赔意向通知仅仅是表明意向，应简明扼要，涉及索赔内容但不涉及索赔金额。

2. 索赔报告的提交

在正式提出索赔要求后，承包商应抓紧准备索赔资料，计算索赔值，编写索赔报告，并在合同规定的时间内正式提交。如果索赔事项的影响具有连续性，即事态还在继续发展，则按合同规定，每隔一定时间向监理工程师报送一次补充资料，说明事态发展情况。在索赔事项的影响结束后的规定时间内报送此项索赔的最终报告，附上最终账目和全部证据资料，提出具体的索赔额，要求业主或监理工程师审定。

### 3. 索赔报告的评审

监理工程师接到承包商的索赔报告后，应该马上仔细阅读报告，并对不合理的索赔进行反驳或提出质疑，监理工程师将自己掌握的资料和处理索赔的工作经验可能就以下问题提出质疑。

（1）索赔事件不属于发包人和监理工程师的责任，而是第三方的责任。

（2）事实和合同依据不足。

（3）承包人未能遵守索赔意向通知的要求。

（4）合同中的开脱责任条款已经免除了发包人补偿的责任。

（5）索赔是由不可抗力引起的，承包人没有划分和证明双方责任的大小。

（6）承包人没有采取适当措施避免或减少损失。

（7）承包人必须提供进一步的证据。

（8）损失计算夸大。

（9）承包人以前已明示或暗示放弃了此次索赔的要求等。

在评审过程中承包人必须对监理工程师提出的各种质疑作出圆满的答复。

业主或监理工程师在接到承包商的索赔报告后，应当站在公正的立场，以科学的态度及时认真地审阅报告，重点审查承包商索赔要求的合理性和合法性，审查索赔值的计算是否正确、合理。对不合理的索赔要求或不明确的地方提出反驳和质疑，或要求做出解释和补充。监理工程师可在业主的授权范围内做出自己独立的判断。

监理工程师判定承包商索赔成立的条件如下。

（1）与合同相对照，事件已造成了承包商施工成本的额外支出，或直接工期损失。

（2）造成费用增加或工期损失的原因，按合同约定不属于承包商的行为责任或风险责任。

（3）承包商按合同规定的程序提交了索赔意向通知和索赔报告。

上述三个条件没有先后主次之分，应当同时具备。只有工程师认定索赔成立后，才按一定程序处理。

### 4. 索赔谈判

经过监理工程师对索赔报告的评审，与承包人进行了较充分的讨论后，监理工程师应提出索赔处理决定的初步意见，并参加发包人和承包人进行的索赔谈判。通过谈判，做出索赔的最后决定。

业主或监理工程师经过对索赔报告的评审后，由于承包商常常需要作出进一步的解释和补充证据，而业主或监理工程师也需要对索赔报告提出的初步处理意见作出解释和说明。因此，业主、监理工程师和承包商三方就索赔的解决要进行进一步的讨论、磋商，即谈判。这里可能有复杂的谈判过程。对经谈判达成一致意见的，做出索赔决定。若意见达不成一致，则产生争执。

在经过认真分析研究与承包商、业主广泛讨论后，工程师应该向业主和承包商提出自己的《索赔处理决定》。监理工程师收到承包商送交的索赔报告和有关资料后，于合同规定的时间内（如28天）给予答复，或要求承包商进一步补充索赔理由和证据。工程师在规定时间内未予答复或未对承包商做出进一步要求，则视为该项索赔已经认可。

监理工程师在《索赔处理决定》中应该简明地叙述索赔事项、理由和建议给予补偿的金额及（或）延长的工期。《索赔评价报告》则是作为该决定的附件提供的。它根据监理工程师所掌握的实际情况详细叙述索赔的事实依据、合同及法律依据，论述承包商索赔的合理方面及不合理方面，详细计算应给予的补偿。《索赔评价报告》是监理工程师站在公正的立场上独立编制的。

当监理工程师确定的索赔额超过其权限范围时，必须报请业主批准。

业主首先根据事件发生的原因、责任范围、合同条款审核承包商的索赔申请和工程师的处理报告，再依据工程建设的目的、投资控制、竣工投产日期要求以及针对承包商在施工中的缺陷或违反合同规定等的有关情况，决定是否批准监理工程师的处理意见，而不能超越合同条款的约定范围。索赔报告经业主批准后，监理工程师即可签发有关证书。

5. 索赔争端的解决

如果业主和承包商通过谈判不能协商解决索赔，就可以将争端提交给监理工程师解决，监理工程师在收到有关解决争端的申请后，在一定时间内要作出索赔决定。业主或承包商如果对监理工程师的决定不满意，可以申请仲裁或起诉。争议发生后，在一般情况下，双方都应继续履行合同，保持施工连续，保护好已完工程。只有当出现单方违约导致合同确已无法履行时，双方协议停止施工；调解要求停止施工，且为双方接受；仲裁机关或法院要求停止施工等情况时，当事人方可停止履行施工合同。

索赔的成功很大程度上取决于承包商对索赔权的论证和充分的证据材料。即使抓住合同履行中的索赔机会，如果拿不出索赔证据或证据不充分，其索赔要求往往难以成功或被大打折扣。因此，承包商在正式提出索赔报告前的资料准备工作极为重要。这就要求承包商注意记录和积累保存工程施工过程中的各种资料，并可随时从中索取与索赔事件有关的证明资料。

### 6.4.3 索赔报告

索赔报告的编写，应审慎、周密，索赔证据充分，计算结果正确。对于技术复杂或款额巨大的索赔事项，有必要聘用合同专家（律师）或技术权威人士担任咨询，以保证索赔取得较为满意的成果。

索赔报告书的具体内容，随该索赔事项的性质和特点而有所不同。但一份完整的索赔报告书的必要内容和文字结构方面，必须包括以下4～5个组成部分。至于每个部分的文字长短，则根据每一索赔事项的具体情况和需要来决定。

1. 总论部分

每份索赔报告书的首页，应该是该索赔事项的一个综述。它概要地叙述所发生索赔事项的日期和过程，说明承包商为了减轻该索赔事项造成的损失而做过的努力，索赔事项给承包商的施工增加的额外费用或工期延长的天数，以及自己的索赔要求，并在上述论述之后附上索赔报告书编写人、审核人的名单，注明各人的职称、职务及施工索赔经验，以表示该索赔报告书的权威性和可信性。

总论部分应简明扼要。对于较大的索赔事项，一般应以3～5页篇幅为限。

2. 合同引证部分

合同引证部分是索赔报告关键部分之一，它的目的是承包商论述自己有索赔权，这是索赔成立的基础。合同引证的主要内容，是该工程项目的合同条件以及有关此项索赔的法律规定，说明自己理应得到经济补偿或工期延长，或二者均应获得。因此，工程索赔人员应通晓合同文件，善于在合同条件、技术规程、工程量表以及合同函件中寻找索赔的法律依据，使自己的索赔要求建立在合同、法律的基础上。

对于重要的条款引证，如不利的自然条件或人为障碍（施工条件变化），合同范围以外的额外工程，特殊风险等，应在索赔报告书中做详细的论证叙述，并引用有说服力的证据资料。因为在这些方面经常会有不同的观点，对合同条款的含义有不同的解释，往往是工程索赔争议的焦点。

在论述索赔事项的发生、发展、处理和最终解决的过程时，承包商应客观地描述事实，避免采用抱怨或夸张的用词，以免使工程师和业主方面产生反感或怀疑。而且，这样的措词，往往会使索赔工作复杂化。

综合上述，合同引证部分一般包括以下内容。

（1）概述索赔事项的处理过程。

（2）发出索赔通知书的时间。

（3）引证索赔要求的合同条款，如不利的自然条件、合同范围以外的工程、业主风险和特殊风险、工程变更指令、工期延长、合同价调整等。

（4）指明所附的证据资料。

3. 索赔款额计算部分

在论证索赔权以后，应接着计算索赔款额，具体分析论证合理的经济补偿款额。这也是索赔报告书的主要部分，是经济索赔报告的第三部分。

款额计算的目的，是以具体的计价方法和计算过程说明承包商应得到的经济补偿款额。如果说合同论证部分的目的是确立索赔权，则款额计算部分的任务是决定应得的索赔款。

在款额计算部分中，索赔工作人员首先应注意采用合适的计价方法。至于采用哪一种计价法，应根据索赔事项的特点及自己掌握的证据资料等因素来确定。其次，应注意每项开支的合理性，并指出相应的证据资料的名称及编号（这些资料均列入索赔报告书中）。只要计价方法合适，各项开支合理，则计算出的索赔总款额就有说服力。

索赔款计价的主要组成部分包括：由于索赔事项引起的额外开支的人工费、材料费、设备费、工地管理费、总部管理费、投资利息、税收、利润等。每一项费用开支，应附以相应的证据或单据。

款额计算部分在写法结构上，最好首先写出计价的结果，即列出索赔总款额汇总表。然后，再分项地论述各组成部分的计算过程，并指出所依据的证据资料的名称和编号。

在编写款额计算部分时，切忌采用笼统的计价方法和不实的开支款项。有的承包商对计价采取不严肃的态度，没有根据地扩大索赔款额，采取漫天要价的策略。这种做法是错误的，是不能成功的，有时甚至增加了索赔工作的难度。

款额计算部分的篇幅可能较大。因为应论述各项计算的合理性，详细写出计算方法，并引证相应的证据资料，并在此基础上累计出索赔款总额。通过详细的论证和计算，使业主和工程师对索赔款的合理性有充分的了解，这对索赔要求的迅速解决很有关系。

总之，一份成功的索赔报告应注意事实的正确性，论述的逻辑性，善于利用成功的索赔案例来证明此项索赔成立的道理。逐项论述，层次分明，文字简练，论理透彻，使阅读者感到清楚明了、合情合理、有根有据。

4. 工期延长论证部分

承包商在施工索赔报告中进行工期论证的目的，首先是为了获得施工期的延长，以免承担误期损害赔偿费的经济损失。其次，承包商可能在此基础上，探索获得经济补偿的可能性。因为如果承包商投入了更多的资源，承包商就有权要求业主对他的附加开支进行补偿。工期延长论证是工期索赔报告的第三部分。

索赔报告中论证工期的方法主要有：横道图表法、关键路线法、进度评估法、顺序作业法等。

在索赔报告中，应该对工期延长、实际工期、理论工期等工期的长短（天数）进行详细的论述，说明自己要求工期延长（天数）或加速施工费用（款数）的根据。

5. 证据部分

证据部分通常以索赔报告书附件的形式出现，它包括了该索赔事项所涉及的一切有关证据资料以及对这些证据的说明。

证据是索赔文件的必要组成部分，要保证索赔证据的翔实可靠，使索赔取得成功。索赔证据资料的范围甚广，它可能包括工程项目施工过程中所涉及的有关政治、经济、技术、财务等许多方面的资料。这些资料，合同管理人员应该在整个施工过程中持续不断地搜集整理、分类储存，最好是存入计算机中以便随时提出查询、整理或补充。

所收集的诸项证据资料，并不是都要放入索赔报告书的附件中，而是针对索赔文件中提到的开支项目，有选择、有目的地列入，并进行编号，以便审核查对。

在引用每个证据时，要注意该证据的效力或可信程度。为此，对重要的证据资料最好附以文字说明，或附以确认函件。例如，对一项重要的电话记录，仅附上自己的记录是不够有力的，最好附上经过对方签字确认过的电话记录；或附上发给对方的要求确认该电话记录的函件，即使对方当时未复函确认或予以修改，也要说明责任在对方，因为未复函确认或修改，按惯例应理解为对方已默认。

除文字报表证据资料以外，对于重大的索赔事项，承包商还应提供直观记录资料，如录像、摄影等证据资料。

综合本节的论述，如果把工期索赔和经济索赔分别地编写索赔报告，则它们除包括总论、合同引证和证据 3 个部分以外，还分别包括工期延长论证或索赔款额计算部分。如果把工期索赔和经济索赔合并为一个报告，则应包括 5 个部分。

### 6.4.4 索赔值的计算

工程索赔报告最主要的两部分是：合同论证部分和索赔计算部分，合同论证部分的任务是解决索赔权是否成立的问题，而索赔计算部分则确定应得到多少索赔款额或工期补偿，前者是定性的，后者是定量的。索赔的计算是索赔管理的一个重要组成部分。

1. 工期索赔值的计算

（1）工期索赔的原因。在施工过程中，由于各种因素的影响，使承包商不能在合同规定的工期内完成工程，造成工程拖期。造成拖期的一般原因如下。

1）非承包商的原因。由于下列非承包商原因造成的工程拖期，承包商有权获得工期延长：①合同文件含义模糊或歧义；②工程师未在合同规定的时间内颁发图纸和指示；③承包商遇到一个即使是有经验的承包商也无法合理预见到的障碍或条件；④处理现场发掘出的具有地质或考古价值的遗迹或物品；⑤工程师指示进行未规定的检验；⑥工程师指示暂时停工；⑦业主未能按合同规定的时间提供施工所需的现场和道路；⑧业主违约；⑨工程变更；⑩异常恶劣的气候条件。

上述的种原因可归结为以下三大类：

第一类是业主的原因，如未按规定时间提供现场和道路占有权，增加额外工程等；第二类是工程师的原因，如设计变更、未及时提供施工图纸等；第三类是不可抗力，如地震、洪水等。

2）承包商原因。承包商在施工过程中可能由于下列原因，造成工程延误：①对施工条件估计不充分，制定的进度计划过于乐观；②施工组织不当；③承包商自身的其他原因。

（2）工程拖期的种类及处理措施。工程拖期可分为如下两种情况。

1）由于承包商的原因造成的工程拖期，定义为工程延误，承包商须向业主支付误期损害赔偿费。工程延误也称为不可原谅的工程拖期。如承包商内部施工组织不好，设备材料供应不及时等。这种情况下，承包商无权获得工期延长。

2）由于非承包商原因造成的工程拖期，定义为工程延期，则承包商有权要求业主给予工期延长。工程延期也称为可原谅的工程拖期。它是由于业主、监理工程师或其他客观因素造成的，承包商有权获得工期延长，但是否能获得经济补偿要视具体情况而定。因此，可原谅的工程拖期又可分为：①可原谅并给予补偿的拖期，是承包商有权同时要求延长工期和经济补偿的延误，拖期的责任者是业主或工程师；②可原谅但不给予补偿的拖期，是指可给予工期延长，但不能对相应经济损失给予补偿的可原谅延误。这往往是由于客观因素造成的拖延。

上述两种情况下的工期索赔可按表 6.1 处理。

**表 6.1　　工期索赔处理的原则**

| 索赔原因 | 是否可原谅 | 拖期原因 | 责任者 | 处理原则 | 索赔结果 |
|---|---|---|---|---|---|
| 工程进度拖延 | 可原谅拖期 | 修改设计<br>施工条件变化<br>业主原因拖期<br>工程师原因拖期 | 业主 | 可给予工期延长，可补偿经济损失 | 工期＋经济补偿 |
| | | 异常恶劣气候<br>工人罢工<br>天灾 | 客观原因 | 可给予工期延长，不给予补偿经济 | 工期 |
| | 不可原谅拖期 | 工效不高<br>施工组织不好<br>设备材料供应不及时 | 承包商 | 不延长工期，不补偿损失<br>向业主支付误期损害赔偿费 | 索赔失败；无权索赔 |

(3) 共同延误下工期索赔的处理方法。承包商、工程师或业主，或某些客观因素均可造成工程拖期。但在实际施工过程中，工程拖期经常是由上述两种或两种以上的原因共同作用产生的，在这种情况下，称为共同延误。

共同延误主要有两种情况：在同一项工作上同时发生两项或两项以上延误；在不同的工作上同时发生两项或两项以上延误。

第一种情况比较简单，共同延误主要有以下几种基本组合。

1) 可补偿延误与不可原谅延误同时存在。在这种情况下，承包商不能要求工期延长及经济补偿，因为即便是没有可补偿延误，不可原谅延误也已经造成工程延误。

2) 不可补偿延误与不可原谅延误同时存在。在这种情况下，承包商无权要求延长工期，因为即便是没有不可补偿延误，不可原谅延误也已经导致施工延误。

3) 不可补偿延误与可补偿延误同时存在。在这种情况下，承包商可以获得工期延长，但不能得到经济补偿，因为即便是没有可补偿延误，不可补偿延误也已经造成工程施工延误。

4) 两项可补偿延误同时存在。在这种情况下，承包商只能得到一项工期延长或经济补偿。

第二种情况比较复杂。由于各项工作在工程总进度表中所处的地位和重要性不同，同等时间的相应延误对工程进度所产生的影响也就不同。所以对这种共同延误的分析就不像第一种情况那样简单。比如，业主延误（可补偿延误）和承包商延误（不可原谅延误）同时存在，承包商能否获得工期延长及经济补偿？对此应通过具体分析才能回答。

关于业主延误与承包商延误同时存在的共同延误，一般认为应该用一定的方法按双方过错的大小及所造成影响的大小按比例分担。如果该延误无法分解开，不允许承包商获得经济补偿。

(4) 工期补偿量的计算。

1) 有关工期的概念。

a. 计划工期，就是承包商在投标报价文件中申明的施工期，即从正式开工日起至建成工程所需的施工天数。一般即为业主在招标文件中所提出的施工期。

b. 实际工期，就是在项目施工过程中，由于多方面干扰或工程变更，建成该项工程上所花费的施工天数。如果实际工期比计划工期长的原因不属于承包商的责任，则承包商有权获得相应的工期延长，即工期延长量＝实际工期－计划工期。

c. 理论工期，是指较原计划拖延了的工期。如果在施工过程中受到工效降低和工程量增加等诸多因素的影响，仍按照原定的工作效率施工，而且未采取加速施工措施时，该工程项目的施工期可能拖延甚久，这个被拖延了的工期，被称为“理论工期”，即在工程量变化、施工受干扰的条件下，仍按原定效率施工而不采取加速施工措施时，在理论上所需要的总施工时间。在这种情况下，理论工期即是实际工期。各工期之间的关系如图 6.2 所示。

2) 工期补偿量的计算方法。

工程承包实践中，对工期补偿量的计算有下面几种方法。

a. 工期分析法。即依据合同工期的网络进度计划图或横道图计划，考察承包商按监

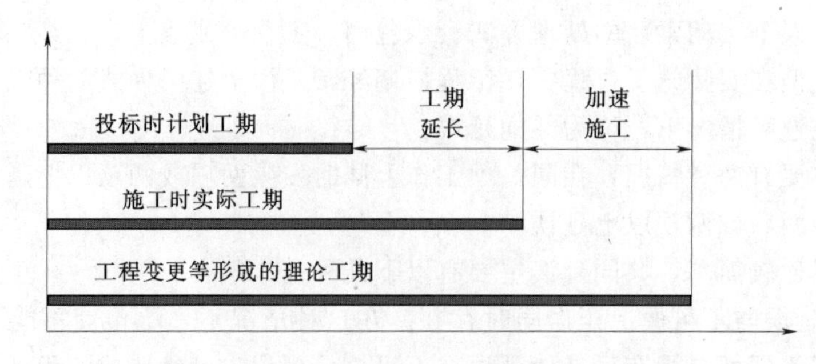


图 6.2　各工期之间的关系示意图

理工程师的指示，完成各种原因增加的工程量所需用的工时，以及工序改变的影响，算出实际工期以确定工期补偿量。

**【案例】**　某工程在施工时因业主提供的钢筋不合格，改换合格钢筋使该项作业从 8 月 10—18 日停工（该项作业的总时差为 0）。9 月 15—17 日因停水、停电使第三层的砌砖停工（该项作业的总时差为 4 天）。10 月 22—25 日砂浆搅拌机故障使第一层抹灰延迟开工（该作业的总时差为 6 天）。试计算工期索赔值。

**解：**事件一：8 月 10—18 日，改换合格钢筋停工。此事件因业主所致，属于干扰事件，该作业在关键线路上，应给予补偿 9 天。

事件二：9 月 15—17 日，停水、停电，承包商无过错，属于干扰事件。但该作业在非关键线路上，且影响时间未超过总时差 4 天，不予补偿。

事件三：10 月 22—25 日砂浆搅拌机故障，责任在于承包商，不属于干扰事件，不予补偿。

综上所述，应给予承包商的工期补偿为：9＋0＋0＝9（天）

b. 实测法。承包商按监理工程师的书面工程变更指令，完成变更工程所用的实际工时。

c. 类推法。按照合同文件中规定的同类工作进度计算工期延长。

d. 工时分析法。某一工种的分项工程项目延误事件发生后，按实际施工的程序统计出所用的工时总量，然后按延误期间承担该分项工程工种的全部人员投入来计算要延长的工期。

2. 费用索赔值的计算

(1) 索赔款的组成。工程索赔时可索赔费用的组成部分，同工程承包合同价所包含的组成部分一样，包括直接费、间接费、利润和其他应予以补偿的费用。其组成项目如下。

1) 直接费。

a. 人工费，包括人员闲置费、加班工作费、额外工作所需人工费用、劳动效率降低和人工费的价格上涨等费用。

b. 材料费，包括额外材料使用费、增加的材料运杂费、增加的材料采购及保管费用和材料价格上涨费用等。

c. 施工机械费，包括机械闲置费、额外增加的机械使用费和机械作业效率降低费等。

2) 间接费。

a. 现场管理费，包括工期延长期间增加的现场管理费如管理人员工资及各项开支、交通设施费以及其他费用等。

b. 上级管理费，包括办公费、通信费、差旅费和职工福利费等。

3）利润，一般包括合同变更利润、合同延期机会利润、合同解除利润和其他利润补偿。

4）其他应予以补偿的费用，包括利息、分包费、保险费用和各种担保费等。

（2）索赔款的计价方法。根据合同条件的规定有权利要求索赔时，采用正确的计价方法论证应获得的索赔款数额，对顺利地解决索赔要求有着决定性的意义。实践证明，如果采用不合理的计价方法，没有事实根据地扩大索赔款额，漫天要价，往往使本来可以顺利解决的索赔要求搁浅，甚至失败。因此，客观地分析索赔款的组成部分，并采取合理的计价方法，是取得索赔成功的重要环节。

在工程索赔中，索赔款额的计价方法甚多。每个工程项目的索赔款计价方法，也往往因索赔事项的不同而相异。

1）实际费用法。实际费用法亦称为实际成本法，是工程索赔计价时最常用的计价方法，它实质上就是额外费用法（或称额外成本法）。

实际费用法计算的原则是，以承包商为某项索赔工作所支付的实际开支为依据，向业主要求经济补偿。每一项工程索赔的费用，仅限于由于索赔事项引起的、超过原计划的费用，即额外费用，也就是在该项工程施工中所发生的额外人工费、材料费和设备费，以及相应的管理费。这些费用即是施工索赔所要求补偿的经济部分。

用实际费用法计价时，在直接费（人工费、材料费、设备费等）的额外费用部分的基础上，再加上应得的间接费和利润，即是承包商应得的索赔金额。因此，实际费用法（即额外费用法）客观地反映了承包商的额外开支或损失，为经济索赔提供了精确而合理的证据。

由于实际费用法所依据的是实际发生的成本记录或单据，所以，在施工过程中系统而准确地积累记录资料，是非常重要的。这些记录资料不仅是施工索赔所必不可少的，亦是工程项目施工总结的基础依据。

2）总费用法。总费用法即总成本法，就是当发生多次索赔事项以后，重新计算出该工程项目的实际总费用，再从这个实际总费用中减去投标报价时的估算总费用，即为要求补偿的索赔总款额，即：

$$索赔款额=实际总费用-投标报价估算费用$$

采用总成本法时，一般要有以下的条件。

a. 由于该项索赔在施工时的特殊性质，难于或不可能精准地计算出承包商损失的款额，即额外费用。

b. 承包商对工程项目的报价（即投标时的估算总费用）是比较合理的。

c. 已开支的实际总费用经过逐项审核，认为是比较合理的。

d. 承包商对已发生的费用增加没有责任。

e. 承包商有较丰富的工程施工管理经验和能力。

在施工索赔工作中，不少人对采用总费用法持批评态度。因为实际发生的总费用中，可能包括了由于承包商的原因（如施工组织不善、工效太低、浪费材料等）而增加了的费用；同时，投标报价时的估算费用却因承包商想竞争中标而过低。因此，这种方法只有在实际费用难以计算时才使用。

3）修正的总费用法。修正的总费用法是对总费用法的改进，即在总费用计算的原则上，对总费用法进行相应的修改和调整，去掉一些比较不确切的可能因素，使其更合理。

用修正的总费用法进行的修改和调整内容，主要如下。

a. 将计算索赔款的时段仅局限于受到外界影响的时间（如雨季），而不是整个施工期。

b. 只计算受影响时段内的某项工作所受影响的损失，而不是计算该时段内所有施工工作所受的损失。

c. 在受影响时段内受影响的某项工程施工中，使用的人工、设备、材料等资源均有可靠的记录资料，如工程师的施工日志、现场施工记录等。

d. 与该项工作无关的费用，不列入总费用中。

e. 对投标报价时的估算费用重新进行核算。按受影响时段内该项工作的实际单价进行计算，乘以实际完成的该项工作的工程量，得出调整后的报价费用。

经过上述各项调整修正后的总费用，已相当准确地反映出实际增加的费用，可以作为给承包商补偿的款额。

据此，按修正后的总费用法支付索赔款的公式是

索赔款额＝某项工作调整后的实际总费用－该项工作的报价费用

修正的总费用法，同未经修正的总费用法相比较，有了实质性的改进，使它的准确程度接近于“实际费用法”，容易被业主及工程师所接受。因为修正的总费用法仅考虑实际上已受到索赔事项影响的那一部分工作的实际费用，再从这一实际费用中减去投标报价书中的相应部分的估算费用。如果投标报价的费用是准确而合理的，则采用此修正的总费用法计算出来的索赔款额，很可能同采用实际费用法计算出来的索赔款额十分贴近。

4）分项法。分项法是按每个索赔事件所引起损失的费用项目分别分析计算索赔值的一种方法。在实际中，绝大多数工程的索赔都采用分项法计算。

分项法计算法通常分三步。

a. 分析每个或每类索赔事件所影响的费用项目，不得有遗漏。这些费用项目通常应与合同报价中的费用项目一致。

b. 计算每个费用项目受索赔事件影响后的数值，通过与合同价中的费用值进行比较即可得到该项费用的索赔值。

c. 将各费用项目的索赔值汇总，得到总费用索赔值。分项法中索赔费用主要包括该项工程施工过程中所发生的额外人工费、材料费、施工机械使用费、相应的管理费以及应得的间接费和利润等。由于分项法所依据的是实际发生的成本记录或单据，所以，施工过程中，对第一手资料的收集整理就显得非常重要了。

**【案例】** 某分包商承包某工程的土方挖填工作，挖填方总量为 1200m$^3$，计划 8 天完

成，每天1台推土机，8名工人。台班预算单价为600元/台班，人工预算单价为35元/工日，管理费率9.5%，利润率5%。施工过程中，由于总承包商的干扰，使这项工作用了12天才完成，而每天出勤的设备和人数均不变。试替该分包商向总承包商提出该事件使工效降低的索赔要求。

**解**：因工效降低而使工期加长、产生附加开支。

则　　　　　　　　工期索赔值＝12－8＝4(天)

超过原定计划4天的施工费用如下：

人工费＝4×8×35＝1120(元)

施工机械使用费＝4×600＝2400(元)

管理费＝(人工费＋施工机械使用费)×管理费率

＝(1120＋2400)×9.5%＝334.4(元)

利润＝(人工费＋施工机械使用费＋管理费)×利润率

＝(1120＋2400＋334.4)×5%

＝192.7(元)

工效降低的费用索赔额为：1120＋2400＋334.4＋192.7＝4047.1(元)

5）合理价值法。合理价值法是一种按照公正调整理论进行补偿的做法，亦称为按价偿还法。

在施工过程中，当承包商完成了某项工程但受到经济亏损时，他有权根据公正调整理论要求经济补偿。但是，或由于该工程项目的合同条款对此没有明确的规定，或者由于合同已被终止，在这种情况下，承包商按照合理价值法的原则仍然有权要求对自己已经完成的工作取得公正合理的经济补偿。

对于合同范围以外的额外工程，或者施工条件完全变化了的施工项目，承包商亦可根据合理价值法的原则，得到合理的索赔款额。

一般认为，如果该工程项目的合同条款中有明确的规定，即可按此合同条款的规定计算索赔款额，而不必采用合理价值法来索取经济补偿。

在施工索赔实践中，按照合理价值法获得索赔比较困难。这是因为工程项目的合同条款中没有经济亏损补偿的具体规定，而且工程已经完成，业主和工程师一般不会轻易地再予以支付。在这种情况下，一般是通过调解机构，如合同上诉委员会，或通过法律判决途径，按照合理价值法原则判定索赔款额、解决索赔争端。

在工程承包施工阶段的技术经济管理工作中，工程索赔管理是一项艰难的工作。要想在工程索赔工作中取得成功，需要具备丰富的工程承包施工经验，以及相当高的经营管理水平。在索赔工作中，要充分论证索赔权，合理计算索赔值，在合同规定的时间内提出索赔要求，编写好索赔报告并提供充分的索赔证据，力争友好协商解决索赔。在索赔事件发生后随时随地提出单项索赔，力争单独解决、逐月支付，把索赔款的支付纳入按月结算支付的轨道，同工程进度款的结算支付同步处理。必要时采取一定的制约手段，促使索赔问题尽快解决。

### 6.4.5 索赔的技巧

#### 6.4.5.1 索赔的策略

工程索赔涉及面广，融技术、经济、法律为一体，它不仅是一门科学，也是一门艺术。要想索赔成功，必须要有强有力的、稳定的索赔班子，正确的索赔战略和机动灵活的索赔技巧是取得索赔成功的关键。

(1) 组建强有力的、稳定的索赔班子。索赔是一项复杂细致而艰巨的工作，组建一个知识全面、有丰富索赔经验、稳定的索赔小组从事索赔工作是索赔成功的首要条件。索赔小组应由项目经理、合同法律专家、建造师、造价师、项目管理师、会计师、施工工程师和文秘公关人员组成。索赔人员要有良好的素质，需懂得索赔的战略和策略，工作要勤奋、务实、不好大喜功，头脑要清晰，思路要敏捷，懂逻辑，善推理，懂得搞好各方的公共关系。

索赔小组的人员一定要稳定，不仅各负其责，而且每个成员要积极配合，齐心协力，对内部讨论的战略和对策要保密。

(2) 确定索赔目标。承包人的索赔目标是指承包商对索赔的基本要求，可对要达到的目标进行分解，按难易程度进行排队，并大致分析它们实现的可能性，从而确定最低、最高目标。

分析实现目标的风险，如能否抓住索赔机会，保证在索赔有效期内提出索赔，能否按期完成合同规定的工程量，执行发包人加速施工指令，能否保证工程质量，按期交付工作，工程中出现失误后的处理办法等，总之要注意对风险的防范，否则，就会影响索赔目标的实现。

(3) 对被索赔方的分析。分析对方的兴趣和利益所在，要让索赔在友好和谐的气氛中进行，处理好单项索赔和总索赔的关系，对于理由充分而重要的单项索赔应力争尽早解决，对于发包人坚持拖后解决的索赔，要按发包人意见认真积累有关资料，为总索赔解决准备充分的资料。需根据对方的利益所在，对双方感兴趣的地方，承包人可在不过多损害自己利益的情况下作适当让步，打破问题的僵局。在责任分析和法律方面要适当，在对方愿意接受索赔的情况下，就不要得理不让人，否则反而达不到索赔目的。

(4) 承包人的经营战略分析。承包人的经营战略直接制约着索赔的策略和计划，在分析发包人情况和工程所在地的情况以后，承包人应考虑有无可能与建设单位继续进行新的合作，是否在当地继续扩大业务，承包人与发包人之间的关系对当地开展业务有何影响等，这些问题决定着承包人的整个索赔要求和解决的方法。

(5) 相关关系分析。利用监理工程师、设计单位、发包人的上级主管部门对发包人施加影响，往往比同发包人直接谈判有效，承包人要同这些单位搞好关系，展开“公关”，取得他们的同情和支持，并与发包人沟通，这就要求承包人对这些单位的关键人物进行分析，同他们搞好关系，利用他们同发包人的微妙关系从中调解、调停，能使索赔达到十分理想的效果。

(6) 谈判过程分析。索赔一般都在谈判桌上最终解决，索赔谈判是双方面对面的较量，是索赔能否取得成功的关键。一切索赔的计划和策略都是在谈判桌上体现和接受检验，因此，在谈判之前要做好充分准备，对谈判的可能过程要做好分析，如怎样保持谈判的友好和谐气氛，估计对方在谈判过程中会提什么问题，采取什么行动，我方应采取什么措施争取有利的时机等。因为索赔谈判是承包人要求发包人承认自己的索赔，承包人处于很不利的地位，如果谈判一开始就气氛紧张、情绪对立，有可能导致发包人拒绝谈判，使谈判旷日持久，这是最不利索赔问题解决的，谈判应从发包人关心的议题入手，从发包人感兴趣的问题开谈，使谈判气氛保持友好和谐是很重要的。

谈判过程中要重事实、重证据，既要据理力争、坚持原则，又要适当让步、机动灵活，所谓索赔的“艺术”，常常在谈判桌上能得到充分的体现，所以，选择和组织好精明强干、有丰富的索赔知识及经验的谈判班子就显得极为重要。

**6.4.5.2** 索赔的技巧

索赔的技巧是为索赔的策略目标服务的，因此，在确定了索赔的策略目标之后，索赔技巧就显得格外重要，它是索赔策略的具体体现。索赔技巧应因人、因客观环境条件而异。

（1）要及早发现索赔机会。一个有经验的承包人，在投标报价时就应考虑将来可能要发生索赔的问题，要仔细研究招标文件中合同条款和规范，仔细查勘施工现场，探索可能索赔的机会，在报价时要考虑索赔的需要。在进行单价分析时，应列入生产效率，把工程成本与投入资源的效率结合起来，这样，在施工过程中论证索赔原因时，可引用效率降低来论证索赔的根据。

在索赔谈判中，如果没有生产效率降低的资料，则很难说服监理工程师和发包人，索赔无取胜可能。反而可能被认为，生产效率的降低是承包人施工组织不好，没有达到投标时的效率，应采取措施提高效率，赶上工期。

要论证效率降低，承包人应做好施工记录，记录好每天使用的设备、工时、材料和人工数量、完成的工程量和施工中遇到的问题。

（2）商签好合同协议。在商签合同过程中，承包人应对明显把重大风险转嫁给承包人的合同条件提出修改的要求，对其达成修改的协议应以“谈判纪要”的形式写出，作为该合同文件的有效组成部分。特别要对发包人开脱责任的条款特别注意，如：合同中不列索赔条款；拖期付款无时限，无利息；没有调价公式；发包人认为对某部分工程不够满意，即有权决定扣减工程款；发包人对不可预见的工程施工条件不承担责任等。如果这些问题在商签合同协议时不谈判清楚，承包人就很难有索赔的机会。

（3）对口头变更指令要得到确认。监理工程师常常乐于用口头变更指令，如果承包人不对监理工程师的口头指令予以书面确认，就进行变更工程的施工，此后，有的监理工程师矢口否认，拒绝承包人的索赔要求，使承包人有苦难言，索赔无证据。

（4）及时发出“索赔通知书”。一般合同规定，索赔事件发生后的一定时间内，承包人必须送出“索赔通知书”，过期无效。

（5）索赔事件论证要充足。承包合同通常规定，承包人在发出“索赔通知书”后，每隔一定时间（28天），应报送一次证据资料，在索赔事件结束后的28天内报送总结性的索赔计算及索赔论证，提交索赔报告。索赔报告一定要令人信服，经得起推敲。

（6）索赔计价方法和款额要适当。索赔计算时采用“附加成本法”容易被对方接受，因为这种方法只计算索赔事件引起的计划外的附加开支，计价项目具体，使经济索赔能较快得到解决。另外索赔计价不能过高，要价过高容易让对方发生反感，使索赔报告束之高阁，长期得不到解决。另外还有可能让发包人准备周密的反索赔计价，以高额的反索赔对付高额的索赔，使索赔工作更加复杂化。

（7）力争单项索赔，避免总索赔。单项索赔事件简单，容易解决，而且能及时得到支付。总索赔问题复杂，金额大，不易解决，往往到工程结束后还得不到付款。

（8）力争友好解决，防止对立情绪。索赔争端是难免的，如果遇到争端不能理智协商讨论问题，会使一些本来可以解决的问题悬而未决。承包人尤其要头脑冷静，防止对立情绪，力争友好解决索赔争端。

（9）注意同监理工程师搞好关系。监理工程师是处理解决索赔问题的公正的第三方，注意同监理工程师搞好关系，争取监理工程师的公正裁决，竭力避免仲裁或诉讼。

### 6.4.6 反索赔

#### 6.4.6.1 反索赔概述

1. 建设工程反索赔的概念和特点

（1）建设工程反索赔的概念。反索赔是相对于索赔而言的。在工程索赔中，反索赔通常指发包人向承包人的索赔。由于承包商不履行或不完全履行约定的义务，或是由于承包商的行为使业主受到损失时，业主为了维护自己的利益，向承包商提出的索赔。

由此可见，业主对承包商的反索赔包括两个方面：其一是对承包商提出的索赔要求进行分析、评审和修正，否定其不合理的要求，接受其合理的要求；其二是对承包商在履约中的其他缺陷责任，独立地提出损失补偿要求。

（2）建设工程反索赔的特点。

1）索赔与反索赔的同时性。在工程索赔过程中，承包商的索赔与发包人的反索赔总是同时进行的，这就是通常所说的“有索赔就有反索赔”。

2）技巧性强。索赔本身就是属于技巧性的工作，反索赔必须对承包人提出的索赔进行反驳，因此它必须具有更高水平的技巧性，反索赔处理不当就会引起诉讼。

3）发包人地位的主动性。在反索赔过程中，发包人始终处于主动有利的地位，发包人在经工程师证明承包人违约后，可以直接从应付工程款中扣回款项，或者从银行保函中得以补偿。

2. 反索赔的意义

（1）减少和防止损失的发生。如果不能进行有效的反索赔，不能推卸自己对干扰事件的合同责任，则必须满足对方的索赔要求，支付赔偿费用，致使我方蒙受损失。

（2）避免被动挨打的局面。不能进行有效的反索赔，处于被动挨打的局面，会影响工程管理人员的士气，进而影响整个工程的施工和管理。许多承包商在工程刚开始就抓住时机进行索赔，以打掉对方管理人员的锐气和信心，使他们受到心理上的挫折，这是应该防止的。对于苛刻的对手必须针锋相对，丝毫不让。

（3）不能进行有效的反索赔，同样也不能进行有效的索赔。承包人的工作漏洞百出，对对方的索赔无法反击，则无法避免损失的发生，也无力追回损失。索赔的谈判通常有许多回合，由于工程的复杂性，对干扰事件常常双方都有责任，所以索赔中有反索赔，反索赔中又有索赔，形成一种错综复杂的局面，不同时具备攻防本领是不能取胜的。

所以索赔和反索赔是不可分离的，必须同时具备这两个方面的本领。

3. 反索赔的原则

反索赔的原则是，以事实为根据，以合同和法律为准绳，实事求是地认可合理的索赔要求，反驳、拒绝不合理的索赔要求，按合同法原则公平合理地解决索赔问题。

4. 反索赔的主要步骤

在接到对方索赔报告后，就应着手进行分析、反驳。反索赔与索赔有相似的处理过程。通常对对方提出的重大的或总索赔的反驳处理过程如图 6.3 所示。

**6.4.6.2** 索赔反驳

1. 索赔事件的真实性

对于不真实、不肯定、没有根据或仅出于猜测的事件是不能提出索赔的。事件的真实性可以从两个方面证实。

(1) 对方索赔报告后面的证据。不管事实如何，只要对方索赔报告上未提出事件经过的有力证据，我方即可要求对方补充证据，或否定索赔要求。

(2) 我方合同跟踪的结果。从其中寻找对对方不利的，构成否定对方索赔要求的证据。

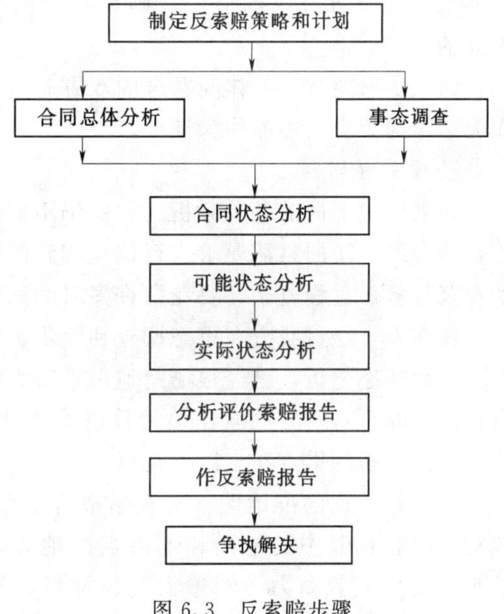

图 6.3 反索赔步骤

2. 索赔理由分析

反索赔与索赔一样，要能找到对自己有利的法律条文，推卸自己的合同责任；或找到对对方不利的法律条文，使对方不能推卸或不能完全推卸自己的合同责任。这样可以从根本上否定对方的索赔要求。例如，对方未能在合同规定的索赔有效期内提出索赔，故该索赔无效。

3. 干扰事件责任分析

干扰事件和损失是存在的，但责任不在我方。通常有如下情况。

(1) 责任在于索赔者自己，由于他疏忽大意、管理不善造成损失，或在干扰事件发生后未采取有效措施降低损失等，或未遵守监理工程师的指令、通知等。

(2) 干扰事件是其他方面引起的，不应由我方赔偿。

(3) 合同双方都有责任，则应按各自的责任分担损失。

4. 干扰事件的影响分析

分析索赔事件和影响之间是否存在因果关系。可通过网络计划分析和施工状态分析两方面得到其影响范围。如在某工程中，总承包人负责的某种安装设备配件未能及时运到工地，使分包人安装工程受到干扰而拖延，但拖延天数在该工程活动的时差范围内，不影响工期。且总包已事先通知分包人，而施工计划又允许人力作调整，则不能对工期和劳动力损失作索赔。

5. 证据分析

(1) 证据不足，即证据还不足以证明干扰事件的真相、全过程或证明事件的影响，需要重新补充。

（2）证据不当，即证据与本索赔事件无关或关系不大。证据的法律证明效力不足，使索赔不能成立。

（3）片面的证据，即索赔者仅出具对自己有利的证据，如合同双方在合同实施过程中，对某问题进行过两次会谈，作过两次不同决议，则按合同变更次序，第二次决议的法律效力应优先于第一次决议。如果在该问题相关的索赔报告中仅出具第一次会谈纪要要作为双方决议的证据，则它是片面的、不完全的，用片面的证据进行索赔是不成立的。

（4）尽管对某一具体问题合同双方有过书面协商，但未签署附加协议，则这些书面协商无法律约束力，不能作为证据。

6. 索赔值审核

如果经过上面的各种分析、评价仍不能从根本上否定该索赔要求，则必须对最终认可的合情合理合法的索赔要求进行认真细致的索赔值的审核。因为索赔值的审核工作量大、涉及资料多、过程复杂，要花费许多时间和精力，这里还包含许多技术性工作。

实质上，经过我方在事态调查和收集、整理工程资料的基础上进行合同状态、可能状态、实际状态分析，已经很清楚地得到对方有理由提出的索赔值，按干扰事件和各费用项目整理，即可对对方的索赔值计算进行对比、审查和分析，双方不一致的地方也一目了然。对比分析的重点在于以下几点。

（1）各数据的准确性。对索赔报告中所涉及到的各个计算基础数据都必须作审查、核对，以找出其中的错误和不恰当的地方。例如：工程量增加或附加工程的实际量方结果，工地上劳动力、管理人员、材料、机械设备的实际使用量，支出凭证上的各种费用支出，各个项目的“计划-实际”量差分析，索赔报告中所引用的单价，各种价格指数等。

（2）计算方法的合情合理合法性。尽管通常都用分项法计算，但不同的计算方法对计算结果影响很大。在实际工程中，这方面争执常常很大，对于重大的索赔，须经过双方协商谈判才能对计算方法达到一致。例如：公司管理费的分摊方法；工期拖延的计算方法；双方都有责任的干扰事件，如何按责任大小分摊损失。

### 6.4.7 索赔案例

**【案例 1】**

1. 背景

某工程的业主与承包商签订了施工合同。施工合同的专用合同条款规定：钢材、木材、水泥由甲方供货到现场仓库，其他材料由承包商自行采购。

当工程施工需给框架柱钢筋绑扎时，因甲方提供的钢筋未到，使该项作业从 10 月 3—16 日停工（该项作业的总时差为零）。10 月 7—9 日因停电、停水使砌砖工作停工（该项作业的总时差为 4 天）。10 月 14—17 日因砂浆搅拌机发生故障使抹灰工作迟开工（该项作业的总时差为 4 天）。

为此，承包商于 10 月 18 日向监理工程师提交了一份索赔意向书，并于 10 月 25 日送交了索赔报告。其工期、费用索赔计算如下。

（1）工期索赔。框架柱钢筋绑扎：10月3—16日停工，计14天；砌砖：10月7—9日停工，计3天；抹灰：10月14—17日停工，计4天。工期索赔总计：21天。

（2）费用索赔。

1）窝工机械设备费。

一台塔吊闲置费＝闲置天数×机械台班费＝14×234＝3276(元)

一台混凝土搅拌机闲置费＝14×55＝770(元)

一台砂浆搅拌机闲置费＝(3＋4)×24＝168(元)

小计:3276＋770＋168＝4214(元)

2）窝工人工费。

扎筋窝工人工费＝工作人数×工日费×延误天数＝35×20.15×14＝9873.50(元)

砌砖窝工人工费＝30×20.15×3＝1813.50(元)

抹灰窝工人工费＝35×20.15×4＝2821(元)

小计:9873.5 十 1813.5＋2821＝14508(元)

3）管理费增加(4214＋14508)×15％＝2808.3(元)

4）利润损失＝(4214＋14508＋2808.3)×5％＝1076.52(元)

费用索赔合计:4214＋14508＋2808.3＋1076.52＝22606.82(元)

2. 问题

（1）承包商提出的工期索赔是否正确？应予批准的工期索赔为多少天？

（2）假定经双方协商一致，窝工机械设备费索赔按台班单价的65％计；考虑对窝工人工应合理安排工人从事其他作业后的降效损失，窝工人工费索赔按每工日10元计；管理费、利润损失不予补偿，试确定费用索赔额。

3. 分析

（1）工期索赔。承包商提出的工期索赔不正确。

1）框架柱绑扎钢筋停工14天，应予工期补偿。这是业主原因造成的，且该项作业位于关键路线上。

2）砌砖停工，不予工期补偿。因为该项停工虽属于业主原因造成的，但该项作业不在关键线路上。

3）抹灰停工，不予工期补偿，因为该项停工属于承包商自身原因造成的。同意工期补偿：14＋0＋0＝14（天）

（2）费用索赔审定。

1）窝工机械设备费。

一台塔吊闲置费＝闲置天数×机械台班费(扣除燃料费等)＝14×234×65％＝2129.4(元)(只计折旧费)

一台混凝土搅拌机闲置费＝14×55×65％＝500.5（元）（只计折旧费）

一台砂浆搅拌机闲置费＝3×24×65％＝46.8(元)(因停电闲置可按折旧费计取）因故障砂浆搅拌机停机4天应由承包商自行负责损失，故不给补偿。

小计：2129.4＋500.5＋46.8＝2676.7(元)

2）窝工人工费。

扎筋窝工人工费＝工作人数×降效费×延误天数＝35×10×14＝4900(元)（扎筋窝工由业主原因造成，但窝工工人已做其他工作，只考虑降效费用。）

砌砖窝工人工费＝30×10×3＝900(元)(砌砖窝工由业主原因造成，但窝工工人已做其他工作，只考虑降效费用。）抹灰窝工因系承包商责任，不应给予补偿。

小计：4900＋900＝5800(元)

3）管理费一般不予补偿。

4）利润通常因暂时停工不予补偿。

费用索赔合计：2676.7＋5800＝8476.7(元)

**【案例 2】**

1. 背景

某工程建设项目的施工合同总价为5000万元，合同工期为12个月，在施工后第3个月，由于业主提出对原设计进行修改，使施工单位停工待图1个月。在基础施工时，承包商为保证工程质量，自行将原设计要求的混凝土强度等级由C15提高到C20。工程竣工结算时，承包商向监理工程师提出费用索赔如下。

(1) 由于业主修改设计图纸延误1个月的有关费用损失。

1）人工窝工费用＝月工作日×日工作班数×延误月数×工日费×每班工作人数

＝20×2×1×30×30＝36000(元)＝3.6(万元)

2）机械设备闲置费用＝月工作日×日工作班数×每班机械台数×延误月数×机械台班费＝20×2×2×1×600＝48000(元)＝4.8(万元)

3）现场管理费＝合同总价÷工期×现场管理费率×延误时间＝5000÷12×1%×1＝4.17(万元)

4）公司管理费＝合同总价÷工期×公司管理费率×延误时间＝5000÷12×6%×1＝250000(元)＝25(万元)

5）利润＝合同总价÷工期×利润率×延误时间＝5000÷12×5%×1＝208300(元)＝20.83(万元)

小计：3.6＋4.8＋4.17＋25＋20.83＝58.4(万元)

(2) 由于基础混凝土强度的提高导致费用增加10万元。

2. 问题

(1) 监理工程师是否同意接受承包商提出的索赔要求？为什么？

(2) 如果承包商按照规定的索赔程序提出了上述索赔要求，监理工程师是否同意承包商所提索赔费用的计算方法？

(3) 假定经双方协商一致，机械设备闲置费索赔按台班单价的65%计；考虑对窝工人员应合理安排从事其他作业后的降效损失，窝工人工费索赔按每工日10元计；管理费补偿、利润损失不予补偿。试确定费用索赔额。

(4) 监理工程师做出的索赔处理是否对当事人双方有强制性约束力？

3. 分析

(1) 监理工程师不同意接受承包商的索赔要求，因为不符合一般索赔程序。通常，承包商应当在索赔事件发生后的28天内，向监理工程师提交索赔意向通知。如果超过这个期限，监理工程师和业主有权拒绝其索赔要求。本工程承包商是在竣工结算时才提出该项索赔要求，显然已超过索赔的有效期限。

（2）监理工程师对所提索赔额的处理意见。

1）由于业主图纸延误造成的人工窝工及机械闲置费用损失，应给予补偿。但原计算方法不当，人工费不应按工日计算，机械费用不应按台班费计算，而应按人工和机械的闲置费（机械折旧费或租赁费）计算，若人工或机械安排从事其他工作，可考虑生产效率下降而导致的费用增加。

2）管理费的计算（公司及现场管理费）不能以合同总价为基数乘以相应费率，而应以直接费用为基数乘以费率来计算。

3）利润已包括在各项工程内容的价格内，除工程范围变更和施工条件变化引起的索赔可考虑利润补偿外，由于延误工期并未影响削减某项工作的实施而导致利润减少，故不应再给予利润补偿。

4）由于提高基础混凝土强度而导致的费用增加，是属于承包商本身所采取的技术措施，不是业主的要求，也不是设计、合同及规范的要求，所以这部分费用应由承包商自行承担。

（3）费用索赔计算。

1）人工窝工费用＝月工作日×日工作班数×延误月数×降效费×每班工作人数＝20×2×1×10×30＝12000(元)＝1.2(万元)

2）机械设备闲置费用＝月工作日×日工作班数×每班机械台数×延误月数×机械折旧费＝20×2×2×1×600×65％＝31200(元)＝3.12(万元)

3）管理费计算。

合同总价：A＝5000万元

扣除利润：A＝B＋B×5％,所以B＝A÷(1＋5％)＝5000÷(1＋5％)＝4761.90(万元)

扣公司管理费：C＝B÷(1＋6％)＝4761.90÷(1＋6％)＝4492.36(万元)

扣现场管理费：D＝C÷(1＋1％)＝4492.36÷(1＋1％)＝4447.88(万元)

应补偿现场管理费＝直接费用÷工期×现场管理费率×延误时间＝4447.88÷12×1％×1＝3.71(万元)

应补偿公司管理费＝(直接费用＋现场管理费)÷工期×公司管理费率×延误时间＝(4447.88＋3.71)÷12×6％×1＝22.26(万元)

4）利润不予补偿。

费用索赔合计：1.2＋3.12＋3.71＋22.26＝30.29(万元)

（4）监理工程师做出索赔处理，对业主及承包商都不具有强制性的约束力。如果任何一方认为该处理决定不公正，都可提请监理工程师重新考虑，或向监理工程师提供进一步的证明，要求监理工程师作适当的修改、补充或让步。如监理工程师仍坚持原决定，或承包商对新的决定仍不同意，可按合同中有关条款，提请争议评审组评审。

**【案例3】**

1. 背景

某工程项目的施工网络计划如图6.4所示。在施工过程中，由于业主直接原因、不可抗力因素和施工单位原因对各项工作的持续时间产生一定的影响，其结果见表 6.2（正数为延长工作天数，负数为缩短工作天数），网络计划的计划工期为 84 天。由于工作的持续时间的变化，网络计划的实际工期为 89 天，如图 6.5 所示。

**表 6.2　　因各种原因延长（或缩短）工期**

| 工作代号 | 项目法人原因延长/天 | 不可抗力原因延长/天 | 施工单位原因延长/天 | 工作持续时间延长/天 | 延长或缩短1天的经济损失/元 |
|---|---|---|---|---|---|
| $A$ | 0 | 2 | 0 | 2 | 600 |
| $B$ | 1 | 0 | 1 | 2 | 800 |
| $C$ | 1 | 0 | −1 | 0 | 600 |
| $D$ | 2 | 0 | 2 | 4 | 500 |
| $E$ | 0 | 2 | −2 | 0 | 700 |
| $F$ | 3 | 2 | 0 | 5 | 800 |
| $G$ | 0 | 2 | 0 | 2 | 600 |
| $H$ | 3 | 0 | 2 | 5 | 500 |
| 合计 | 10 | 8 | 2 | 20 | |

2. 问题

（1）确定网络计划图 6.4 和图 6.5 的关键线路。

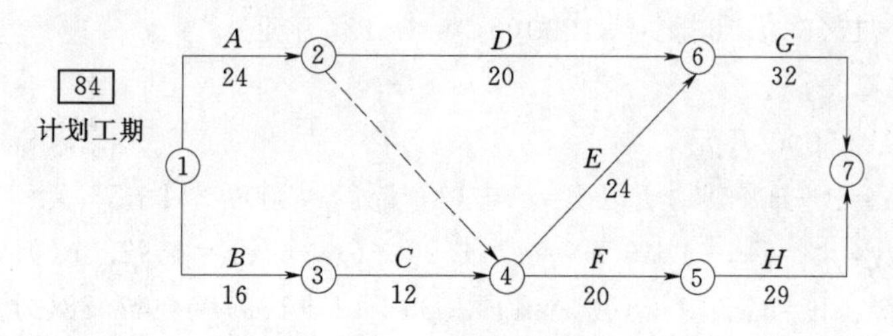


图 6.4　原网络计划图

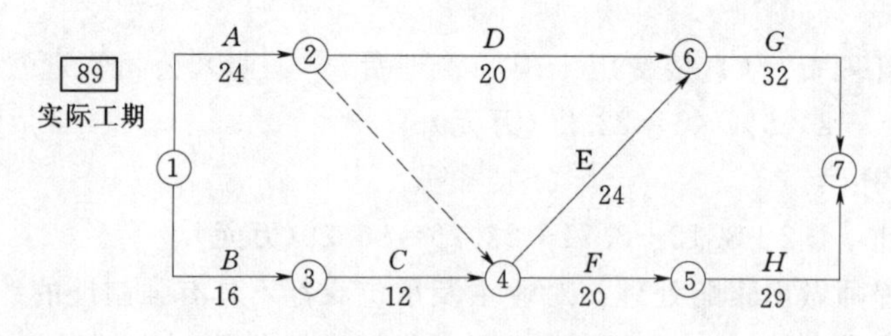


图 6.5　实际网络计划图

（2）根据表 6.2 延长合同工期 20 天或按实际工程延长合同工期 5 天是否合理？为什么？

（3）监理工程师应签证延长合同工期几天合理？为什么？（用网络计划图表示）

（4）监理工程师应签证索赔金额多少合理？为什么？

3. 分析

(1) 图 6.4 的关键线路是 B→C→E→G 或①→③→④→⑤→⑦；图 6.5 的关键线路为：B→C→F→H 或①→③→④→⑤→⑦。

(2) 要求顺延工期 20 天不合理。因为其中包括了 2 天施工单位原因造成的工作持续时间延长，而且业主原因和不可抗力因素对工作持续时间的影响不全在关键线路上。

要求顺延工期 5 天也不合理。因为其中包含了施工单位自身原因所造成的工作持续时间的延长和缩短。

(3) 由非施工单位原因造成的工期延长应给予延期，用网络计划图 6.6 表示。应签证顺延的工期为 90－84＝6（天）。

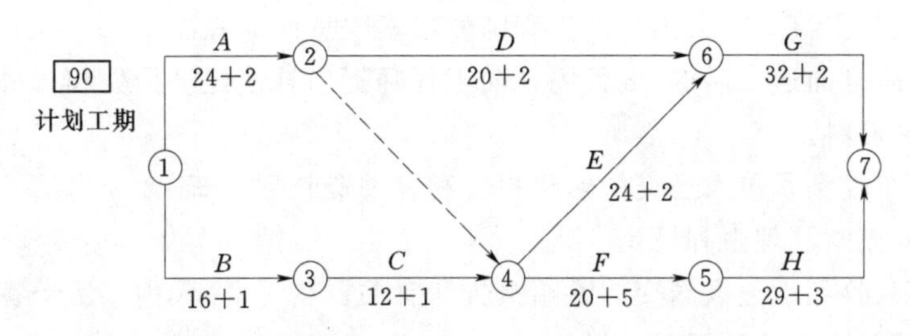


图 6.6 网络计划图

(4) 不可抗力因素所造成的经济损失不补偿，只补偿工期。费用索赔只考虑因业主原因所造成的经济损失部分：

$$800+600+2\times500+3\times800+3\times500=6300(元)$$

**【案例 4】**

1. 背景

承包人为某省建工集团第五工程公司（乙方），于 2000 年 10 月 10 日与某城建职业技术学院（甲方）签订了新建建筑面积 20000m² 综合教学楼的施工合同。乙方编制的施工方案和进度计划已获监理工程师的批准。该工程的基坑施工方案规定：土方工程采用租赁两台斗容量为 1m³ 的反铲挖掘机施工。甲乙双方合同约定 2000 年 11 月 6 日开工，2002 年 7 月 6 日竣工。在实际施工中发生如下几项事件：

(1) 2000 年 11 月 10 日，因租赁的两台挖掘机大修，致使承包人停工 10 天。承包人提出停工损失人工费、机械闲置费等 3.6 万元的索赔要求。

(2) 2001 年 5 月 9 日，因发包人供应的钢材经检验不合格，承包人等待钢材更换，使部分工程停工 20 天。承包人提出停工损失人工费、机械闲置费等 7.2 万元的索赔要求。

(3) 2001 年 7 月 10 日，因发包人提出对原设计局部修改引起部分工程停工 13 天，承包人提出停工损失费 6.3 万元的索赔要求。

(4) 2001 年 11 月 21 日，承包人书面通知发包人于 11 月 24 日组织主体结构验收。因发包人接收通知人员外出开会，使主体结构验收的组织推迟到 11 月 30 日才进行，也没有事先通知承包人。承包人提出装饰人员停工等待 6 天的损失费用 2.6 万元的索赔要求。

(5) 2002 年 7 月 28 日，该工程竣工验收通过。工程结算时，发包人提出反索赔应扣除承包人延误工期 22 天的罚金。按该合同“每提前或推后工期一天，奖励或扣罚 6000

元”的条款规定，延误工期罚金共计 13.2 万元。

2. 问题

（1）简述工程施工索赔的程序。

（2）承包人对上述哪些事件可以向发包人要求索赔，哪些事件不可以要求索赔？发包人对上述哪些事件可以向承包人提出反索赔？并说明原因。

（3）每项事件工期索赔和费用索赔各是多少？

（4）本案例给人的启示意义？

3. 分析

（1）我国《建设工程施工合同（示范文本）》规定的施工索赔程序如下。

1）索赔事件发生后 28 天内，向工程师发出索赔意向通知。

2）发出索赔意向通知后的 28 天内，向工程师提出补偿经济损失和（或）延长工期的索赔报告及有关资料。

3）工程师在收到承包人送交的索赔报告和有关资料后，于 28 天内给予答复，或要求承包人进一步补充索赔理由和证据。

4）工程师在收到承包人送交的索赔报告和有关资料后 28 天内未给予答复或未对承包人作进一步要求，视为该项索赔已经认可。

5）当该索赔事件持续进行时，承包人应当阶段性向工程师发出索赔意向，在索赔事件终了后 28 天内，向工程师提出索赔的有关资料和最终索赔报告。

（2）事件一：索赔不成立。因为此事件发生原因属承包人自身责任。

事件二：索赔成立。因为此事件发生原因属发包人自身责任。

事件三：索赔成立。因为此事件发生原因属发包人自身责任。

事件四：索赔成立。因为此事件发生原因属发包人自身责任。

事件五：反索赔成立。因为此事件发生原因属承包人的责任。

（3）事件二至事件四：由于停工时，承包人只提出了停工费用损失索赔，而没有同时提出延长工期索赔，工程竣工时，已超过索赔有效期，故工期索赔无效。

（4）事件五：甲乙双方代表进行了多次交涉后仍认定承包人工期索赔无效，最后承包人只好同意发包人的反索赔成立，被扣罚金，记做一大教训。

（5）本案例：承包人共计索赔费用为：7.2＋6.3＋2.6＝16.1（万元），工期索赔为零；发包人向承包人索赔延误工期罚金共计 13.2 万元。

（6）本案例给人的启示意义：合同无戏言，索赔应认真、及时、全面和熟悉程序。此例若是事件二、事件三、事件四等三项停工费用损失索赔时，同时提出延长工期的要求被批准，合同竣工工期应延长至 2002 年 8 月 14 日，可以实现竣工日期提前 17 天。不仅避免工期罚金 13.2 万元的损失，按该合同条款的规定，还可以得到 10.2 万元的提前工期奖。由于索赔人员业务不熟悉或粗心，使本来双赢的事却变成了泡影，有关人员应认真学习索赔知识，总结索赔工作中的成功经验和失败的教训。

**【案例 5】**

1. 背景

某工程基坑开挖后发现有古墓，须将古墓按文物管理部门的要求采取妥善保护措施，报请有关单位协同处置。为此，发包人以书面形式通知承包人停工15天，并同意合同工期顺延15天。为确保继续施工，要求工人、施工机械等不要撤离施工现场，但在通知中未涉及由此造成承包人停工损失如何处理。承包人认为对其损失过大，意欲索赔。

2. 问题

(1) 施工索赔成立的条件有哪些?

(2) 承包人的索赔能否成立，索赔证据是什么?

(3) 由此引起的损失费用项目有哪些?

3. 分析

(1) 施工索赔成立的条件如下。

1) 与合同对照，事件已造成了承包人工程项目成本的额外支出，或直接工期损失。

2) 造成费用增加或工期损失的原因，按合同约定不属于承包人的行为责任或风险责任。

3) 承包人按合同规定的程序提交索赔意向通知和索赔报告。

(2) 索赔成立。这是由于发包人的原因（古墓的处置）造成的施工临时中断，从而导致承包人工期的拖延和费用支出的增加，因而承包人可提出索赔。

索赔证据为发包人以书面形式提出的要求停工通知书。

(3) 此事项造成的后果是承包人的工人、施工机械等在施工现场窝工15天，给承包人造成的损失主要是现场窝工的损失，因此承包人的损失费用项目主要有：15天的人工窝工费、15天的机械台班窝工费、由于15天的停工而增加的现场管理费。

**【案例6】**

1. 背景

发包人为某市房地产开发公司，发出公开招标书，对该市一幢商住楼建设进行招标。按照公开招标的程序，通过严格的资格审查以及公开开标、评标后，某省建工集团第三工程公司被选中确定为该商住楼的承包人，同时进行了公证。随后双方签订了“建设工程施工合同”。合同约定建筑工程面积为6000$m^2$，总造价370万元，签订变动总价合同，今后有关费用的变动，如由于设计变更、工程量变化和其他工程条件变化所引起的费用变化等可以进行调整；同时还约定了竣工期及工程款支付办法等款项。合同签订后，承包人按发包人提供的经规划部门批准的施工平面位置放线后，发现拟建工程南端应拆除的构筑物（水塔）影响正常施工。发包人察看现场后便做出将总平面进行修改的决定，通知承包人将平面位置向北平移4m后开工。正当承包人按平移后的位置挖完基槽时，规划监督工作人员进行检查发现了问题当即向发包人开具了6万元人民币罚款单，并要求仍按原位施工。承包人接到发包人仍按原平面位置施工后的书面通知后提出索赔通知如下。

××房地产开发公司工程部：

接到贵方仍按原平面图位置进行施工的通知后，我方将立即组织实施，但因平移4m使原已挖好的所有横墙及部分纵墙基槽作废，需要用土夯填并重新开挖新基槽，所发生的此类费用及停工损失应由贵方承担。

(1) 所有横墙基槽回填夯实费用4.5万元。

(2) 重新开挖新的横墙基槽费用6.5万元。

(3) 重新开挖新的纵墙基槽费用1.4万元。

(4) 90人停工25天损失费3.2万元。

(5) 租赁机械工具费1.8万元。

(6) 其他应由发包人承担的费用0.6万元。

以上6项费用合计：18万元。

(7) 顺延工期25天。

××建工集团第三工程司
××××年×月×日

2. 问题

(1) 建设工程施工合同按照承包工程计价方式不同分为哪几类？

(2) 承包人向发包人提出的费用和工期索赔的要求是否成立？为什么？

3. 分析

(1) 建设工程施工合同按照承包工程计价方式不同分为总价合同（又分为固定总价合同和变动总价合同两种）、单价合同和成本加酬金合同三类。

(2) 成立。因为本工程采用的是变动总价合同，这种合同的特点是，可调总价合同，在合同执行过程中，由于发包人修改总平面位置所发生的费用及停工损失应由发包人承担。因此承包人向发包人请求费用及工期索赔的理由是成立的，发包人审核后批准了承包人的索赔。此案是法制观念淡薄在建设工程方面的体现。许多人明明知道政府对建筑工程规划管理的要求，也清楚已经批准的位置不得随意改变，但执行中仍是我行我素，目无规章。此案中，发包人如按报批的平面位置提前拆除水塔，创造施工条件，或按保留水塔方案去报规划争取批准，都能避免24万元（其中规划部门罚款6万元，承包人索赔18万元）的损失。

**【案例7】**

1. 背景

某工程采用固定单价承包形式的合同，在施工合同专用条款中明确了组成本合同的文件及优先解释顺序如下：①本合同协议书；②中标通知书；③投标书及附件；④本合同专用条款；⑤本合同通用条款；⑥标准、规范及有关技术文件；⑦图纸；⑧工程量清单；⑨工程报价单或预算书。合同履行中，发包人、承包人有关工程的洽商、变更等书面协议或文件视为本合同的组成部分。在实际施工过程中发生了如下事件。

事件一：发包人未按合同规定交付全部施工场地，致使承包人停工10天。承包人提出将工期延长10天及停工损失人工费、机械闲置费等3.6万元的索赔。

事件二：本工程开工后，钢筋价格由原来的3600元/t上涨到3900元/t，承包人经过计算，认为中标的钢筋制作安装的综合单价每吨亏损300元，承包人在此情况下向发包人提出请求，希望发包人考虑市场因素，给予酌情补偿。

2. 问题

(1) 承包人就事件一对工期的延长和费用索赔的要求，是否符合本合同文件的内容约定？

(2) 承包人就事件二提出的要求能否成立？为什么？

3. 分析

(1) 符合。根据合同专用条款的约定，发包人未按合同规定交付全部施工场地，导致工期延误和给承包人造成损失的，发包人应赔偿承包人有关损失，并顺延因此而延误的工期，所以，承包人提出对工期的延长和费用索赔是符合合同文件的约定的。

(2) 不能成立。根据合同专用条款的有关约定，本工程属于固定单价包干合同，所有因素的单价调整将不予考虑。

# 参 考 文 献

[1] 林密．工程项目招投标与合同管理．北京：中国建筑工业出版社，2007.
[2] 张梦宇，梁建林．工程建设监理概论．北京：中国水利水电出版社，2006.
[3] 张玉红，刘明亮．工程招投标与合同管理．北京：北京师范大学出版社，2011.
[4] 全国造价工程师执业资格考试培训教材编写委员会，全国造价工程师执业资格考试培训教材审定委员会．工程造价案例分析．北京：中国城市出版社，2000.

责任编辑　范钦倩

国家中等职业教育改革发展示范校建设系列教材

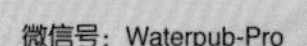

唯一官方微信服务平台

行水云课公众号

ISBN 978-7-5170-2968-7

定价: 39.00 元

销售分类：水利水电工程

登录行水云课平台www.xingshuiyun.com或关注行水云课公众号，输入激活码，免费学习数字教材，享受增值服务！